JN435677

# 멜섹PLC 이론과 실습

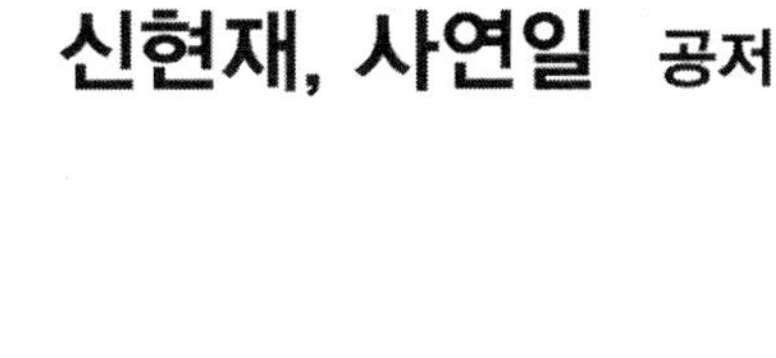

신현재, 사연일 공저

D.B.Info

# Preface
# 머리말

오늘날 산업구조는 급격한 소량 다품종 생산시스템의 의한 생산설비 사이클의 단축, 자동화 공정의 수시변경 등이 필요하기 때문에, PLC(Programmable Logic Controller)가 매우 중요한 자리를 차지하고 있다. 이에 대응하기 위한 PLC 전문인력이 어느 때보다도 절실히 요구되고 있는 실정이다.

본 교재는 국내에서 가장 널리 보급된 미쓰비시 멜섹Q PLC를 다루었고, 특히 PLC를 처음 배우고자 하는 학생 및 엔지니어를 위해 기초이론과 실제응용을 다루려고 하였다. 기초 이론을 토대로 스스로가 충분히 이해하고, 이를 토대로 실제 실린더 시스템을 제어함으로서 자신감을 갖게 하려고 구성하였다. 또한 현장에서 많이 쓰이고 있는 서보모터를 제어하는 과정을 쉽게 설명하려고 하였다. 그러나 표현상에서 미약함이 많을 것으로 사료되나, 지속적으로 수정 및 보안하려 한다. 그래서 자동화시스템에 관련된 학생, 엔지니어 및 PLC에 관심 있는 여러 독자층에게 보다 쉽고 정확하게 자동화와 PLC에 관련된 지식을 전달하는데 노력을 기울였다.

본 교재는 PLC를 소개, 멜섹 PLC 기본명령어, 시퀀스제어, 실린더제어, 서보모터제어 등으로 구성되어 있다. 독자 스스로가 다른 시스템에 응용할 수 있도록, 교재에 나온 예제 프로그램을 각자의 다른 프로그램으로 만들어서 응용력을 키우기를 바라는 마음이다. 그래서 현 사회에서 요구되는 프로그램 엔지니어로 성장하여, 미래의 힘찬 산업 동력원이 되길 바란다.

끝으로 이 교재가 나오기까지 멜섹을 처음 접하는 저자에게 자료와 교육시켜주시는데 한국 미쓰비시 오토메이션(주) 장보순 부장 및 여러분들께 깊은 감사의 마음을 전해드리고, 또한 출판되기까지 심혈을 기울여 주신 복두출판사 관계자 여러분께도 깊은 감사의 마음을 전한다.

2016년 7월에

교수연구실에서 대표저자 신현재
(전자주소 : hjshin@inhatc.ac.kr)

# CONTENTS
## 목차

# Chapter 1
# PLC 개요

# 1.1 PLC 정의

## 1.1.1 출현경위

**자동화 라인을 구성하고 있는 단위기계의 기본요소는 기계구조를 위주로 해서 제어기(processor), 검출기(sensor) 그리고 조작기(actuator)로 대별**할 수 있다. 생산수단이 기계화에서 자동화로 됨에 따라 특히 중요한 의미를 갖는 것은 프로세서이다.

**처음에 등장한 것은 기계구조물의 연속적 운동에 의한 자동장치**로 공작기계의 자동선반이나 방적기, 인쇄기 등에 특히 많이 사용되었다. 이러한 기계적 제어는 매우 확실하고 눈에 보이는 물상적 장치라는 등의 장점은 있으나, 마모에 따른 불확실성, 제조원가의 과다는 물론 사양변경에 따른 프로그램 변경 등이 난이하다는 이유 등으로 다품종 소량생산의 현대적 의미와는 거리가 멀다.

**다음에는 공기압과 유압을 이용한 제어방식**으로, 이는 자동화와 함께 점점 그 의미가 더해가는 공유압 액추에이터와 사용하는 에너지원이 같다는 점과 신뢰성이 높다는 이유 등으로 각광을 받았었지만, 제어속도가 느리고 제어소자의 크기가 크기 때문에 복잡한 대규모의 제어에는 한계가 있다.

**전기 릴레이를 사용하는 유접점 제어방식**은 가장 많이 사용되어 왔던 방식이다. 이 방식은 비교적 단순하고 저렴하다는 장점과 수명의 한계와 프로그램 변경이 곤란하다는 단점 등이 있어 그 사용이 점점 축소되고 있다.

**이상의 구조적 문제점 때문에 새로운 제어장치의 출현이 요구**되었고, 1969년에 미국의 GM(General Motor)사가 자동차 조립라인에 사용할 새로운 제어장치를 구매하기 위하여 제어장치가 구비해야 할 일반적인 요구사항을 구입 시방서에 명시한 것이 Programmable Controller의 출현기틀을 마련했다고 할 수 있다.

GM사에서 제어장치 구입 시방서에 제시한 10가지 요구조건은 다음과 같다.

- 프로그램의 작성 및 변경이 용이하고, 현장에서도 동작 시퀀스를 쉽게 작성 · 변경 할 수 있을 것
- 보수가 용이하고 수리가 가능할 것
- 릴레이식 제어반보다 현장에서의 신뢰성이 높을 것
- 릴레이식 제어반보다 소형일 것
- 중앙의 제어장치로 데이터를 전송할 수 있을 것
- 릴레이식 또는 반도체식 제어반과 경제적으로 경합될 수 있을 것

- 입력은 AC 115 V를 받을 수 있을 것
- 출력은 AC 115 V, 2 A 이상의 용량으로 솔레노이드, 밸브, 모터, 스타터 등을 직접 조작할 수 있을 것
- 시스템을 대폭적으로 변경하지 않고도 기본유닛의 확장이 가능할 것
- 프로그램의 확장은 최저 4K까지 확장할 수 있는 메모리를 갖추고 있을 것

따라서 미국의 컴퓨터 회사들은 이와 같은 요구조건을 만족시키기 위해 IC와 반도체 소자를 이용한 마이크로프로세서 기능을 갖는 새로운 유형의 컨트롤러를 개발하기에 이르렀다. 그 결과 미국의 알렌브렌들리사나 모디컨사 등에서 PLC(Programmable Logic Controller)라고 부르는 최초의 신제품이 나왔고, 70년대부터는 일본, 유럽 등지에서도 PLC가 출현했으며, 80년대부터는 전 산업분야에 일반화된 시스템의 제어장치로 이용되기에 이르렀다.

### 1.1.2 PLC 발달

오늘날의 PLC들은 GM사에서 최초의 조건들을 충족시킬 뿐만 아니라 훨씬 능가한 기능을 갖고 있다. 실제로 PLC는 산업용 릴레이 제어반보다 더 광범위하고 우수하게 설계된 특수목적의 컴퓨터로서 다양한 제어기능이 가능한 총체적 제어 시스템이다. 즉, PLC의 출현 당시에는 논리연산 기능만을 충족시켰지만, 현재는 수치연산 기능, 비교기능, 타이머 및 카운터 기능 등의 기본기능 외에 다양한 특수기능 등이 출시되고 있다.

PLC의 규격을 최초로 제정한 곳은 1976년에 미국의 NEMA(National Electrical Manufactureres Association)이고 뒤이어 독일(DIN)에서도 1979년에 제정하였다.

PLC(Programmable Logic Controller)의 정의는 다음과 같다.

**“디지털 또는 아날로그 입출력 모듈을 사용하여, 로직, 시퀀스, 타이밍, 계수, 산술, 연산과 같은 특수한 기능을 수행하기 위한 명령을 내부에 기억할 수 있는 메모리를 사용하여 각종 기계와 공정을 제어하도록 되어있는 디지털 조작형의 전자장치이다.”**

즉, PLC는 각종 릴레이, 타이머, 카운터, 가감산 장치 등을 조합하여 사용하던 종래의 제어반을 반도체를 사용하여, 소형화하고 기능을 더욱 확대하는 한편, 제어내용의 설정 및 수정을 용이하게 할 수 있는 프로그램 방식의 범용 제어장치를 말한다.

오늘날 여러 산업분야에서는 생산성 향상을 위하여 공장의 자동화를 다방면으로 추진하고 있다. 이러한 자동화에 큰 역할을 담당하고 있는 것은 정해진 순서에 따라 각 단계를 순차적

으로 진행시켜 나가는 **시퀀스제어 (단순제어)**와 목표치와 비교하여 편차가 나지 않도록 정정 동작을 주는 **피드백제어 (자동제어)**이다. 이와 같은 자동화시스템을 구축하기 위해, 가장 많이 사용되고 있는 대표적 제어장치가 PLC이다.

PLC의 출현 이후 지속해서 사용자가 요구하고 있는 방향으로 발전되어 왔다. 종래 ON/OFF 제어의 범위에서 확대되어서 아날로그 제어까지, 시퀀스제어에서 피드백제어까지, 고기능 컨트롤러 및 주변장치, 네트워크 및 유무선 제어기수의 발달, 소형화 및 저가격화 방향으로의 발전을 도모하고 있다. 그러나 **각 회사마다 명령어나 조작방법의 통일성이 없다는 등의 몇 가지 문제점**들을 안고 있다.

## 1.2 PLC 특징

릴레이 제어방식이 전성을 이룬 것은 1970년대까지로, 종래의 릴레이 제어방식은 회로도로 전개하여 거기에 필요한 제어기기를 설치하고 납땜이나 결선작업을 하여 요구하는 동작을 실현하였다. 이와 같은 방식은 릴레이나 타이머 등을 조합하여 시퀀스를 실행해가면 간단한 제어에는 문제가 없었지만 고도의 사양이 요구되면서 여러 가지 문제가 발생하였다.

급속한 반도체 기술의 발전으로 릴레이 제어방식은 점점 컴퓨터 활용의 기술로 대체되었다. PLC는 대부분이 마이크로프로세서 내장형으로, 기본적으로는 컴퓨터와 같다. **다만, 일반 컴퓨터와의 큰 차이는 다입력, 다출력을 실시간 온라인 처리하는 점**이다. 특히 PLC는 5V 신호를 입출력하는 컴퓨터와는 달리 24V를 입출력하기에, 전파노이즈가 많은 공장에서 On/Off 신호를 전달하는데 유리하다.

이러한 PLC의 특징은 다음과 같다.

① 소프트 와이어드 로직

종래의 릴레이 제어 방식은 일의 순서를 회로도에 전개하여 그곳에 필요한 제어기기를 결합하여 배선 작업을 해서 요구하는 동작을 실현한다. 이와 같은 방식을 하드 와이어드 로직(Hard Wired Logic)이라고 한다. 반면 소프트 와이어드 로직(Soft Wired Logic)은 입출력에 이미 배선된 시스템에서 프로그램을 수정함으로서 시스템의 동작을 수정할 수가 있기에, 다변하는 생산 시스템에 유연하게 대처 할 수 있다.

② 직렬처리 방식

PLC 시퀀스와 릴레이 시퀀스의 가장 근본적인 차이점은 "직렬 처리와 병렬 처리" 라는 동작상의 차이에 있다. PLC는 메모리에 있는 프로그램을 순차적으로 연산하는 직렬 처리 방식이고 릴레이 시퀀스는 여러 회로가 전기적인 신호에 의해 동시에 동작하는 병렬 처리 방식이다. 따라서 PLC는 어느 한 순간을 포착해 보면 한 가지 일 밖에 하지 않는다.

③ 반복 스캔처리 연산방식

PLC는 컴퓨터 연산방식과 달리 반복 스캔처리 연산방식을 사용한다. 많은 입력의 접점 변화를 가능한 빨리 시스템에 적용하기 위하여, 작성된 프로그램을 처음부터 마지막 스텝까지 반복적으로 스캔 연산 처리하는 방식으로 수행한다. **이 방식은 입력 상태를 읽어들여서 프로그램에 적용시키고, 그 결과를 출력으로 내보내는 과정을 반복 수행하는 방식으로, 일련의 과정을 반복 연산 처리 방식인 스캔 방식(Scan method)라 한다.** 이 과정을 단계 별로 구분하면 다음과 같다.

- 운전 시작 : 사용자가 PLC를 RUN 모드로 변경시키면 PLC는 운전을 시작한다.
- 초기화 처리 : PLC가 RUN 모드로 변경될 때 한 번만 실행하며, 다음과 같은 처리를 수행한다.
- 입력 리프레시 : 디지털 입력 모듈의 입력 상태를 읽어 PLC 데이터 메모리의 입력 영역에 저장한다. 이때 입력 리프레시 과정을 거쳐 입력 데이터 메모리 영역에 저장된 입력 정보는 그 스캔이 완료될 때까지 변경되지 않는다.

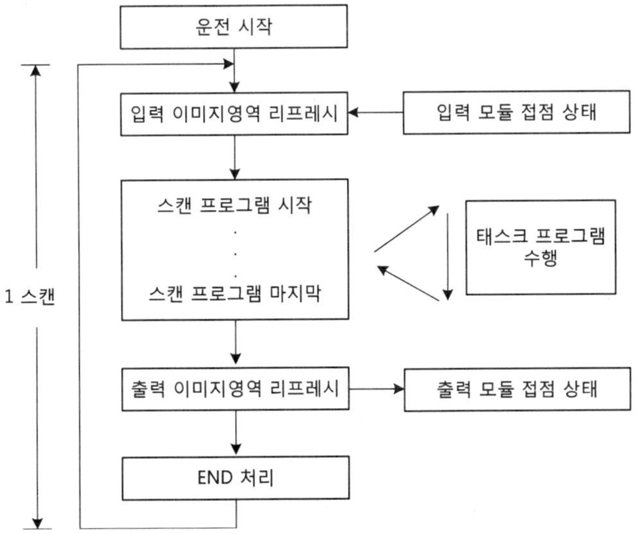


**그림 1.1 반복 스캔처리 연산 방식**

- 프로그램 연산 : 사용자가 작성한 프로그램을 해석하여 데이터 메모리에 저장된 데이터를 처리한다. 프로그램은 스캔 프로그램과 Task 프로그램으로 나누어지며, 스캔 프로그램은 PLC가 RUN 상태이면 수행하는 프로그램이며, Task 프로그램은 PLC가 RUN 상태에서 Task의 조건으로 지정된 조건이 만족될 때 수행하는 프로그램이다. 그리고 프로그램 연산 과정에서 계산된 데이터는 출력 데이터 메모리에 저장된다.

- 출력 리프레시 : 데이터 메모리의 출력 영역에 저장된 데이터를 출력 모듈을 통해 출력한다. 출력 상태의 갱신은 이 때 이루어진다.

- END 처리 : 1 스캔의 처리를 종료한 후 스캔의 처음으로 간다.

PLC 시스템은 자기 진단을 하여 에러 존재 여부를 판단한다. 에러가 감지되면 RUN 상태가 되지 않고 에러 상태로 변하는데, 이를 해결해야지 실행할 수가 있다. 또한 한 스캔을 처리하는데 걸리는 시간을 1 Scan Tim라고 하는데, 일반적으로 프로그램의 스텝 수에 CPU가 한 스텝 수행시간을 곱하여 계산한다.

## 1.3 PLC 이용효과

PLC를 제어장치로 사용함으로써 얻어지는 이용 효과는 다음과 같다.

① 경제성

반도체 기술의 발전과 대량생산 등에 힘입어, 릴레이 10개 이상의 제어반에는 PLC사용이 더 경제적이다.

② 설계의 성력화

부품 배치도의 간략화와 시퀀스 설계의 용이성, 시운전 및 조정의 용이함 등 대폭적인 설계의 성력화를 이룩할 수 있다.

③ 신뢰성의 향상

무접점 회로를 이용함으로써 릴레이, 타이머 등에서 발생되는 접점(接點)사고에 의한 문제가 없어 신뢰성이 향상된다.

④ 보수성의 향상

PLC는 동작표시 기능, 자기진단 기능, 모니터 기능 등 고장 표시기능을 내장하고 있어 보수성이 향상된다.

⑤ 소형화

반도체 소자를 이용하므로 릴레이 반의 크기에 비해 현저하게 소형이며, 제품의 표준화가 가능하다.

⑥ 납기 단축

수배 부품의 감소와 기계 장치와 제어반의 동시 수배, 사양 변경에 대응하는 유연성, 배선작업의 간소화 등으로 납기가 현저히 단축된다.

⑦ 제어내용의 보존성 향상

제어내용을 테이프나 ROM 등에 쉽게 보존할 수 있어, 동일 시퀀스 제작 시에는 간단히 해결할 수 있다.

제조 설비의 자동화 및 고속, 고기능화, FMS(Flexible Manufacturing System) 추세에 따라 PLC는 기존의 릴레이 제어반 대체 기능에서, 지능형 소규모 공작 기계에서 대규모 시스템 설비에 이르기까지 적용되고 있다.

## 1.4 PLC 구성

PLC는 마이크로프로세서 (Microprocessor) 및 메모리를 중심으로 구성되며, 연산 및 데이터 저장 역할을 하는 중앙처리장치(CPU), 외부기기와의 신호를 연결시켜 주는 입 · 출력부, 각 부에 전원을 공급하는 전원부, PLC 내의 메모리에 프로그램을 기록하는 주변 장치로 구성되어 있다.

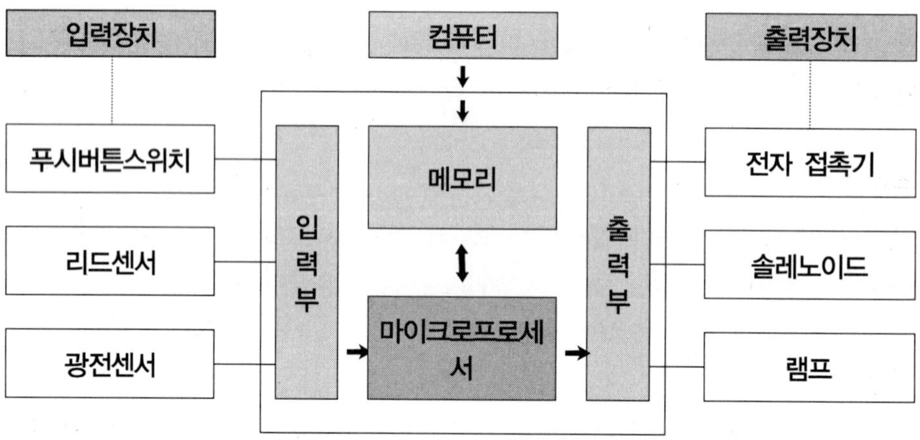


그림 1.2 PLC의 전체 구성도

① 마이크로프로세서(Microprocessor)

마이크로프로세서는 사용자가 작성한 프로그램을 해석하여 프로그램에서 지정된 메모리에 저장된 데이터를 읽고, 프로그램에서 사용된 명령어의 지시에 따라 데이터를 가공한 후 프로그램에서 지정된 메모리 영역에 그 결과를 저장한다.

② 메모리(Memory)

PLC에서 사용하는 메모리 소자는 RAM과 ROM을 사용하고 있다. RAM은 데이터를 읽고 쓰기 위한 접근 속도가 빠른 대신, 전원이 차단되면 저장하고 있는 데이터를 상실하는 특성이 있으며, ROM은 전원이 차단되더라도 저장된 데이터가 유지되는 장점이 있는 반면 접근 속도가 느리고 ROM에 데이터를 쓰기 위해서는 별도의 장치가 필요한 단점을 가지고 있다. 근래 PLC는 플래시 ROM을 적용하여 데이터를 쓰기 위한 별도의 장치 없이 데이터를 저장하고, 정전 시 데이터를 보존할 수 있다. 또, RAM의 기본적인 특성은 정전 시 데이터를 상실하지만, 배터리(Battery)를 이용하여 항상 전원을 공급함으로써 PLC의 전원이 차단되었을 때 데이터를 유지하게 할 수 있다.

PLC의 기본적인 운전 방법은 RAM을 이용하는 운전으로, 프로그램 및 정전 유지 데이터 영역은 배터리에 의해 상시 전원을 공급받는 영역에 저장되고, 정전 시 유지되어야 할 필요성이 없는 데이터는 일반 RAM에 저장하는 방식이다.

사용자 설정에 따라 프로그램은 ROM 또는 플래시 메모리 영역에 저장되는 경우가 있으며, 이 때 PLC는 운전 상태로 진입할 때 ROM 또는 플래시 메모리에 저장된 프로그램을 RAM 영역에 복사하여 운전한다. 일반적으로 데이터는 RAM 영역에 저장하지만, 사용자 필요에 따라 데이터도 ROM 또는 플래시 메모리에 저장하여 사용할 수 있다.

③ 입력부

PLC는 외부기기를 접속하고, 접속된 기기와의 신호교환을 통해 제어를 구현한다. 즉, 접속된 외부기기로부터 입력되는 신호에 따라 입력, 출력 또는 PLC 내부 데이터를 프로그램에서 지정한 방법으로 가공하여 출력하는 것이 PLC의 기본 기능이다.

PLC의 입력 신호의 종류는 스위치, 센서 등으로부터 ON/OFF 신호를 입력 받는 디지털 입력과 온도, 전압, 전류 등의 아날로그 신호를 입력받는 아날로그 입력, 통신 기능을 이용한 입력 등 다양한 종류의 입력 신호가 있다.

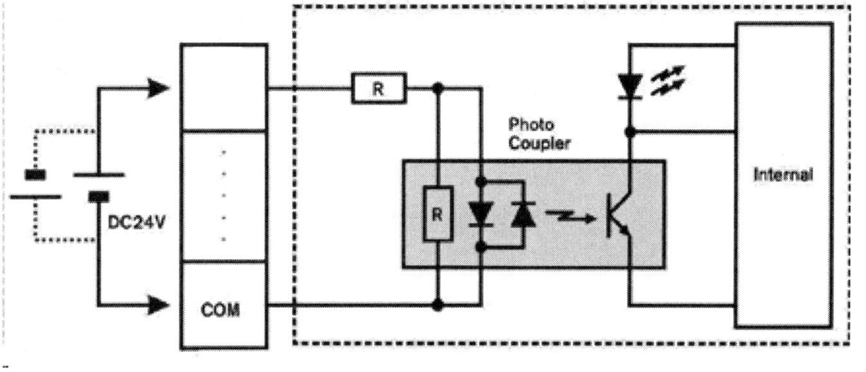


**그림 1.3 DC 입력 모듈 구조**

④ 출력부

PLC는 조건 및 데이터를 입력 받아 프로그램에서 지정한 방법으로 연산을 수행하여 연산의 결과를 만들고, 만들어진 결과를 접속된 부하에 출력함으로써 제어가 이루어진다. PLC가 데이터를 출력하는 방법은 ON/OFF의 비트 신호를 출력하여 부하의 ON/OFF를 제어하는 디지털 출력, 정해진 범위의 수치 데이터를 전압 또는 전류의 아날로그 신호로 변환하여 출력하는 아날로그 출력, 통신을 이용하여 외부 장비에 데이터를 전달하는 통신 출력 등 다양한 방법이 있고, 이러한 방법으로 연산의 결과를 출력할 수 있다.

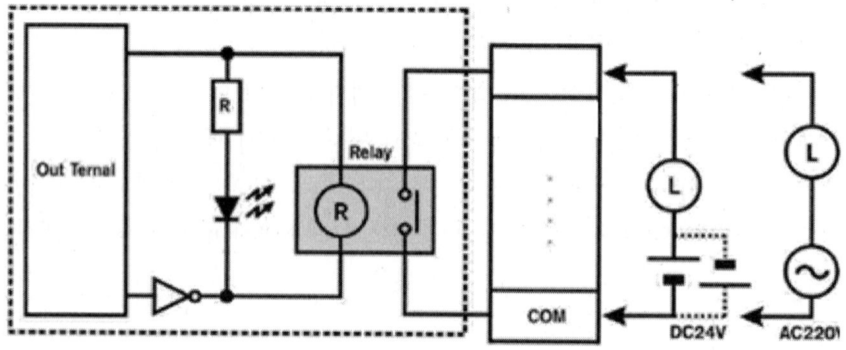


그림 1.4 릴레이 출력 모듈 구조

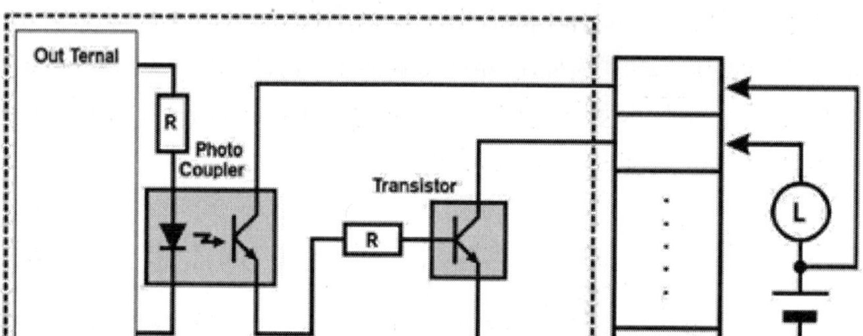


그림 1.5 트랜지스터 출력 모듈 구조

## 1.5 PLC 기종선정

한번 선택하여 채용한 PLC는 그 기계가 가동하고 있는 동안은 장기적으로 신뢰하여 사용할 수 있어야 한다. 따라서 PLC의 기종 선정은 본체의 사양서나 입·출력부의 사양서 검토는 물론, 사양서에는 나타나 있지 않은 신뢰성문제, 보수나 애프터서비스, 사용상의 편리와 지원 장치 등에 대해서도 세심한 검토가 이루어져야 한다.

PLC의 하드웨어는 릴레이나 스위치와 같은 부품 레벨이 제품이 아니라, 그 핵심은 마이크로 프로세서를 중심으로 한 전자장치 레벨이 제품이므로 선정 시에는 특히 신뢰성의 확보가 최우선 되어야 한다. 또한, 사용상의 편리함이나 지원 장치 등도 우선되어야 한다.

대부분 PLC 운용자들은 프로그램의 개발과 디버그를 위하여 지원 장치를 취급하는 사람이 많다. 지원 장치의 필요조건은, 프로그램의 작성과 실제로 기계에서의 디버그, 도큐먼트의 작성 및 보수와 제어상태의 체크 등을 용이하게 할 수 있는 것이다.

특히, 이제까지 사용되어 온 PLC 기종이나 메이커를 변경할 경우에는 다시 지원 장치를 구입하지 않으면 안 될 뿐만 아니라, 프로그래밍과 디버그의 방법도 습득하지 않으면 안 되고, 이러한 변경에 따른 영향은 비단 설계자뿐만 아니라 운용, 보수, 점검을 하는 현장기술자까지도 영향을 미친다.

기종선정기준은 다음과 같다.

① I/O 점수계산
② 메모리 용량산출
③ 처리속도
④ 제어기능
⑤ 입력 유닛의 종류
⑥ 출력 유닛의 종류
⑦ 외관구조
⑧ 확장성
⑨ 주변기기
⑩ 내환경성
⑪ 가격 및 납기
⑫ 애프터서비스

Chapter 2

# Melsec PLC 소개

**2.1** Melsec PLC 변천

**2.2** Melsec Q PLC 종류 및 구성

**2.3** 주소할당

**2.4** 디바이스 종류

## 2.1 Melsec PLC 변천

70~80년대에는 8비트 프로세서를 쓴 MELSEC-K가 16비트 프로세서를 쓴 MELSEC-A로 진화를 하였다. 그리고 99년에 16비트 프로세서를 쓴 MELSEC-QnA가 32비트 프로세서를 쓴 MELSEC-Q로 진화를 하였다.

A시리즈와 Q시리즈는 모두 슬롯형 PLC이다. 일체형 PLC는 전원부, CPU 그리고 IO가 일체형으로 되어있다. 크기가 작고 단독기기에 많이 쓰이는 PLC로는 FX 시리즈가 있다.

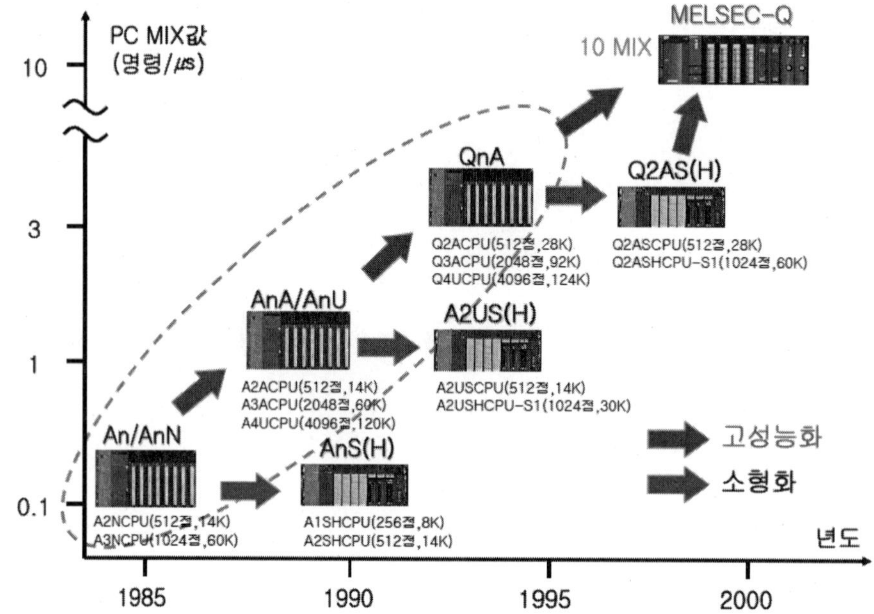


그림 2.1 Q PLC까지의 변천과정

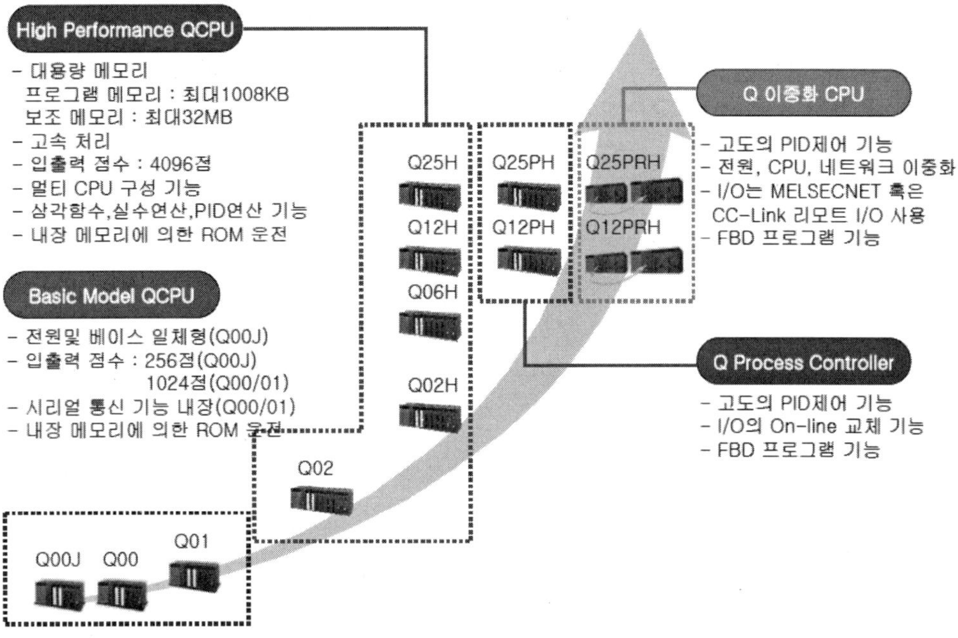


그림 2.2 Q PLC의 CPU변천

Q시리즈는 생산성 향상, 사용자 편리성, 보수비용 절감 등을 위해 유니버설 모델 QCPU를 출시하였다. 다음은 향상된 내용이다.

① 멀티 CPU에 의해 머신 제어를 고속 · 고정밀도하기 위해서 시퀀스 프로그램 실행과 멀티 CPU 간 고속 통신(0.88ms주기)의 병렬 처리에 의해 고속 제어를 실현하였다.

② 대규모 · 복잡화 하는 생산 시스템을 위해 기본 연산 처리 속도(LD 명령) 1.9ns라는 초고속 처리로 기본 연산 성능 향상에 의한 스캔 타임 단축 결과, 가공 정밀도의 불균형을 줄일 수 있다. 또한, 기존 마이컴 보드에서만 가능했던 고속 제어도 PLC에서 실현 가능하게 하였다.

③ 고속 · 고정밀도화하기 위해서 실수(부동 소수점) 연산의 처리 속도를 비약적으로 고속화 했다(덧셈 명령 0.014μs). 따라서 고속 · 고정밀도가 요구되는 가공 데이터 등의 연산 처리에도 충분히 대응할 수 있게 되었다. 또한, 복잡한 수식에서의 연산 오차를 줄일 수 있도록 배정밀도의 실수 연산 명령을 새로 탑재했다.

④ 고정 스캔 인터럽트 프로그램의 최소 간격을 100㎲로 단축하여, 고속의 신호의 확실한 수신을 가능하게 해서 고정밀화를 요구하는 시스템에 적용 가능하게 하였다.
ex) 고속 회전하는 필름지의 위치를 정확하게 검출하여 가공하는 시스템

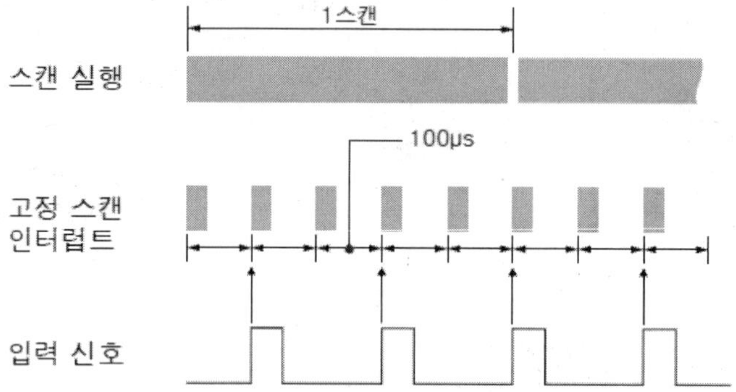


**그림 2.3 고속신호의 정밀화**

⑤ 대용량 데이터 처리성능을 개선하였고 간편화하였다.

⑥ 기존에는 표준 RAM과 SRAM 카드의 파일 레지스터 영역에 대한 연속 액세스가 불가능하고 프로그래밍 시 각각의 경계를 의식해야만 하였다. 하지만 유니버설 모델 고속 QCPU에서는 8MB의 확장 SRAM 카세트를 장착하면, 표준 RAM을 최대 4736K워드의 연속된 1개의 파일 레지스터로 취급할 수 있으므로 프로그래밍이 간편해졌다. 따라서 디바이스 메모리가 부족한 경우에도 확장 SRAM 카세트를 증설하기만 하면, 쉽게 파일 레지스터 영역을 확장할 수 있다.

⑦ 유니버설 모델 고속 QCPU에서는 SD 메모리 카드를 채택하여, SD 메모리 카드 슬롯이 있는 PC 등과 자유롭게 데이터를 교신할 수 있다. 또한, SD 메모리 카드와 확장 SRAM 카세트를 동시에 사용하는 것도 가능하다. 따라서 확장 SRAM 카세트에 의한 파일 레지스터의 확장과 SD 메모리 카드에 의한 로깅이나 대용량 코멘트 데이터 저장, 메모리 카드에서의 부팅 운전 등을 동시에 실행할 수 있다.

⑧ 보안 강화에 중요한 데이터 보호 기능으로, 최대 32문자의 파일 패스워드를 설정할 수 있다. 또한 패스워드에 특수 문자(※ @ & 등)를 사용할 수 있게 되어 패스워드의 해독이 더욱 어려워졌다.

⑨ 제어 데이터 변화를 누락하지 않고, 시퀀스 스캔마다 또는 ms 단위 간격으로 데이터를 수집하여, 지정된 제어 데이터의 변화를 빠뜨리지 않고 수집할 수 있다. 또한 트러블 발생 시의 원인을 곧바로 확인할 수 있어 고정밀도로 동작을 분석할 수 있다.

⑩ 로깅 설정 파일이 저장되어 있는 SD 메모리 카드를 CPU에 삽입하기만 하면 자동으로 로깅이 시작된다. 또한 원격지에서 데이터 수집이 필요하게 되었을 때에도 로깅 설정 파일을 메일로 받아 SD 메모리 카드에 복사하면 바로 로깅을 시작할 수 있다.

⑪ 설정된 트리거 발생 전후의 데이터만을 필터링하여 추출할 수 있으므로 신속한 원인 규명, 조기 복구 작업에 활용할 수 있어서 트러블 발생 시에도 신속하게 대응할 수 있다.

⑫ 시계 조정 기능으로 CPU의 시계 데이터가 자동 수정된다. 따라서 에러 발생 시간도 정확하게 파악할 수 있어 복수의 CPU가 관계되는 에러 발생 타이밍을 쉽게 확인할 수 있다.

⑬ 외부 기기와의 접속 시에도 Ethernet에 의한 고속 통신이 가능하다. 사용 용도에 따라 다양한 기기와 접속할 수 있다.

⑭ 기존 Q 시리즈의 각종 모듈을 유니버설 모델에 그대로 사용할 수 있으므로 기존 시스템과의 보수 품을 공통화하여 비용을 절감할 수 있다. 프로그래밍 툴을 사용하여 PLC 타입을 변경하기만 하면, 기존의 QCPU의 프로그램을 사용할 수 있다.

⑮ 다양한 제어 분야를 커버하기 위해 PLC, 프로세스, 이중화, C 언어, 모션, 로봇, CNC의 각 CPU를 라인 업 한 Q 시리즈. 멀티 CPU 구성에서는 규모 · 목적에 따라 다양한 제어 분야에 맞는 최적의 시스템을 구축할 수 있다. 또한 이중화 시스템에서는 만일의 트러블 시도 시스템의 계속 운전이 가능한 고 신뢰성 시스템을 구축할 수 있다.

## 2.2 Melsec Q PLC 종류 및 구성

### 2.2.1 종류

#### 1) 기본 구성 및 통신 모듈

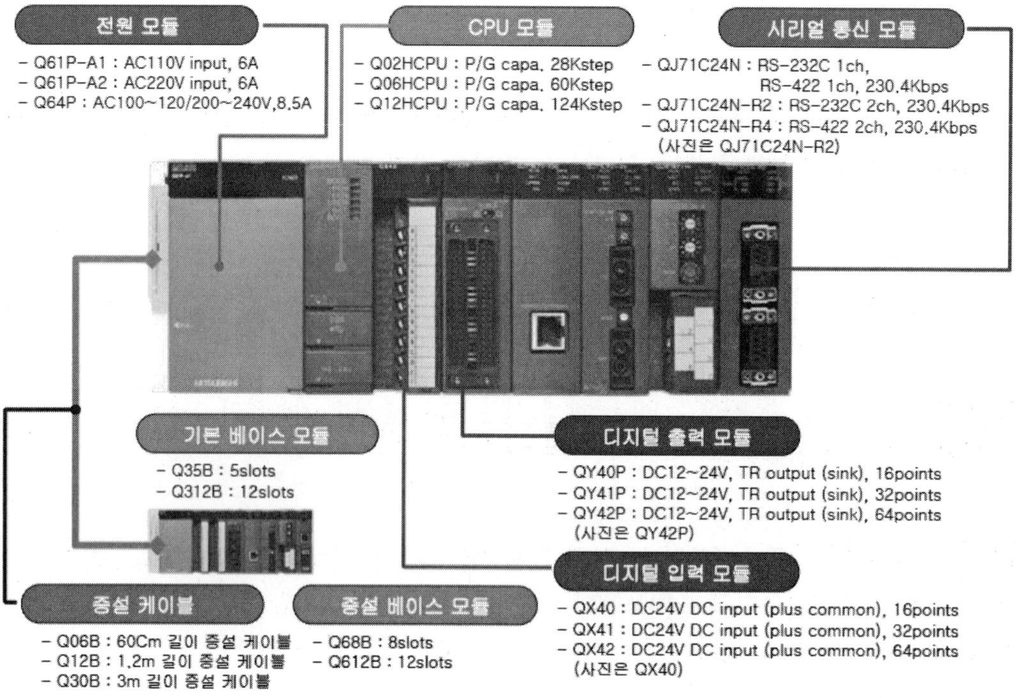


그림 2.4 멜섹 Q PLC의 모듈 종류

#### 2) 특수모듈

① AD변환모듈은 외부에서 아날로그 신호를 받아서 디지털 수치로 변환시켜 주는 모듈로, 전압과 전류를 받는 모듈, 전압만을 받는 모듈, 전류만을 받는 모듈 등이 있다.

② DA변환모듈은 CPU의 디지털 수치를 아날로그 신호로 변환시켜 외부로 보내는 모듈이다.

③ 고속카운터 모듈은 엔코더 등에서 1 스캔타임보다 빠른 고속의 펄스를 계수하는 모듈이다.

④ 위치결정모듈은 스텝 모터나 서보 모터 등을 조합하여 위치나 각도 등을 제어하는 모듈이다.

⑤ CC-LINK은 분산 배치한 입출력 모듈, 인텔리전트 기능 모듈, 특수 기능모듈 등을 전용 케이블로 제어하기 위한 통신 시스템이다.

⑥ MELSECNET은 MELSEC PLC간의 통신 시스템이다.

⑦ Serial 통신카드는 RS-232C, RS-422, 485 등의 통신카드이다.

⑧ Ethernet 통신용 데이터 전송속도로는 10Mbps와 100Mbps가 있다.

### 3) 구성

① Base(베이스)

베이스는 5V 전원공급, 연산신호전달, 모듈고정을 하는 역할을 한다. CPU의 유무에 따라 기본베이스와 증설베이스로 나뉜다. 전원, CPU 제외한 나머지 슬롯 수는 3,5,8,12가 있다. **최대 증설은 7단까지 가능하고, 증설 케이블의 총 거리는 13.2m, 총 64모듈까지 장착을 할 수 있다.**

② 전원부

외부전원 AC110V 또는 220V를 공급받아서 DC5V로 전압을 강화시킨다.

③ CPU 및 메모리 구성

PLC도 컴퓨터와 같이 프로그램을 실행하기 위해서는 메모리가 있어야 한다. 멜섹에서 쓰는 메모리는 그림과 같이 CPU모듈에 설치된 메모리와 사용자가 필요에 의해 설치할 수 있는 외부 메모리인 메모리 카드가 있다.

④ 입력 모듈(X)

입력모듈은 입력모듈에 연결된 각종 스위치와 센서 등의 On/Off 상태를 기억하는 비트타입의 메모리이다. 입력 전압은 일반적으로는 DC 24V로, **NPN Type은 24V인 플러스 전압을 공통단자(Com)에 연결한다.**

⑤ 출력 모듈(Y)

출력모듈은 프로그램 결과에 따른 On/Off 상태를 출력모듈에 연결된 각종 액추에이터에 보내어 동작시키는 비트타입의 메모리이다. 출력 전압 형식으로는 Relay Type과 교류용 Triac Type이 있다. 그리고 일반적인 TR Type으로는 전류가 부하를 거쳐 들어오는 Sink Type으로 0V를 COM시키고, 전류가 출력단자를 통해 나와서 부하로 가는 Source Type으로는 24V를 COM시킨다.

## 2.3 주소할당

PLC의 CPU가 입력 모듈을 통해 외부의 On/Off 상태를 수신하거나, 출력모듈을 통해 외부로 On/Off 상태로 출력하기 위해선 주소를 할당하여야 한다. 출력 번호는 16진수로 표현하고, 입력과 출력 번호를 각각 구분하기 위하여 입력번호의 선두에 "X", 출력 번호의 선두에 "Y"를 부여한다. 입출력 번호는 베이스 모듈에 장착된 입출력 모듈의 접점 개수에 따라 0번 슬롯부터 순차적으로 부여한다.

| POWER | CPU | 입력16점 | 입력32점 | 출력16점 | 출력64점 |
|---|---|---|---|---|---|
| | | X00~X0F | X10~X2F | Y30~Y3F | Y40~Y7F |

그림 2.6 주소할당

## 2.4 디바이스 종류

디바이스는 PLC 내부에서 사용할 수 있는 전기적 소자로서, On/Off 상태를 나타내는 디바이스와 수치 값을 저장할 수 있는 Word 디바이스가 있다. 또한 CPU 외부에서 신호를 입출력할 때 사용하는 디바이스와 CPU 내부에서만 사용할 수 있는 디바이스가 있다.

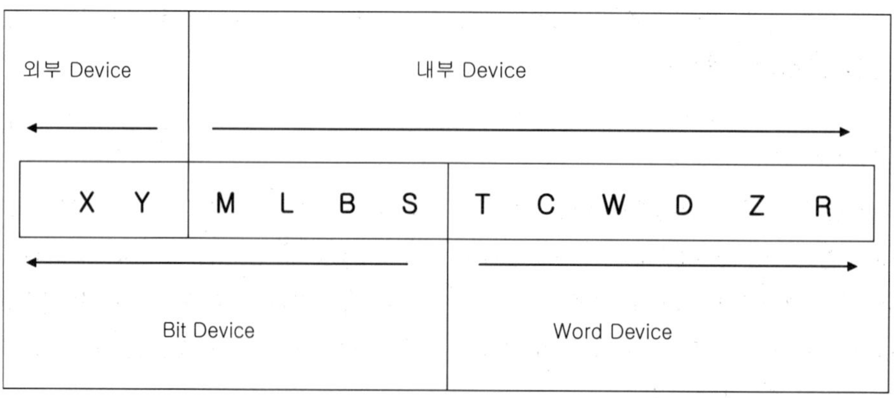


그림 2.7 디바이스 종류

**표 2.1 디바이스 종류**

| 제어방식 | 종별 | 디바이스명 | 디폴트값 | | 파라미터 설정에 의한 설정범위 |
|---|---|---|---|---|---|
| | | | 점수 | 사용범위 | |
| 내부 USER 디바이스 | 비트 디바이스 | 입력 | 8192 점 | X0~X1FFF | |
| | | 출력 | 8192 점 | Y0~Y1FFF | |
| | | 스텝릴레이 | 8192 점 | S0~S8191 | |
| | | 특수릴레이 | 2048 점 | SB0~SB2047 | |
| | | 내부릴레이 | 8192 점 | M0~M8191 | 합계 28.8K 워드 이내에서 변경가능 |
| | | 래치릴레이 | 8192 점 | L0~L8191 | |
| | | 애넌시에이터 | 2048 점 | F0~F2047 | |
| | | 에지릴레이 | 8192 점 | V0~V2047 | |
| | | 링크릴레이 | 8192 점 | B0~B8191 | |
| | 워드 디바이스 | 타이머 | 2048 점 | T0~T2047 | |
| | | 적산타이머 | 0 점 | (ST0~ST2047) | |
| | | 카운터 | 1024 점 | C0~C1023 | |
| | | 데이터레지스터 | 12288 점 | D0~D12287 | |
| | | 링크레지스터 | 8192 점 | W0~W8191 | |
| | | 특수링크레지스터 | 2048 점 | SW0~SW2147 | |
| 내부시스템 디바이스 | 비트 디바이스 | 펑션입력 | 16 점 | FX0~FXF | 고정 |
| | | 펑션출력 | 16 점 | FY0~FYF | |
| | | 특수릴레이 | 2048 점 | SM0~SM2047 | |
| | 워드 디바이스 | 펑션레지스터 | 5 점 | FD0~FD4 | |
| | | 특수레지스터 | 2048 점 | SD0~SD2047 | |
| 인덱스레지스터 | 워드 디바이스 | 인덱스레지스터 | 16 점 | Z0~Z15 | |
| 파일레지스터 | 워드 디바이스 | 파일레지스터 | 0 점 | – | 0~1018K점 (1K점 범위) |
| 네스팅 | – | 네스팅 | 15 점 | N0~N14 | 고정 |
| 포인터 | – | 포인터 | 4096 점 | P0~P4095 | |
| | | 인터럽트포인터 | 256 점 | I0~I255 | |
| 기타 | 비트 디바이스 | SFC 블록 | 320 점 | BL0~BL319 | |
| | | SFC 이행디바이스 | 512 점 | TR0~TR511 | |
| | – | 네트워크 No. | 256 점 | J1~K255 | |
| | | I/O No. | – | U0~UFF | |
| 정수 | – | 10진정수 | K-2147483648~K2147483647 | | |
| | | 16진정수 | H0~HFFFFFFFF | | |
| | – | 실수정수 | E±1.17549-38~E±3.40282+38 | | |
| | | 문자열정수 | 'ABC', '123' 등 | | |

### 2.4.1 내부 USER 디바이스

#### 1) 비트 디바이스

① 입력 디바이스(X)

- X는 외부의 On/Off 정보를 입력모듈을 통하여 프로그램에서 사용하기 위한 디바이스이다.

② 출력 디바이스(Y)

- Y는 프로그램의 제어결과를 출력모듈을 통해 외부 액추에이터로 출력하는 디바이스이다.

③ 보조릴레이(M)

- 내부릴레이는 CPU 모듈내부에서 사용하는 보조릴레이이다.
- PLC 전원을 Off → On 할 경우, CPU 모듈 리셋할 경우 그리고 래치 클리어할 경우는 모두 Off된다.
- 프로그램 연산 결과를 외부로 출력할 경우는 출력 디바이스인 Y를 사용한다.

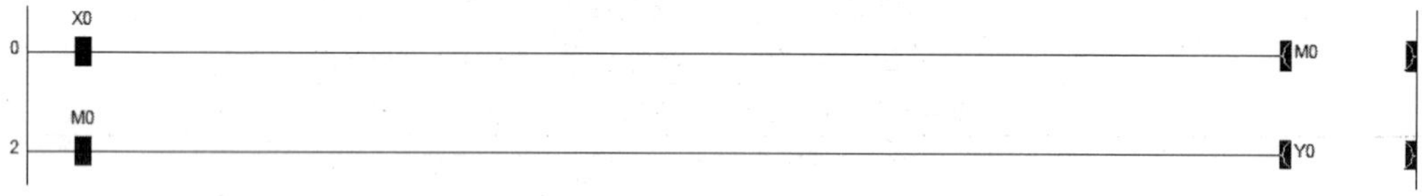


④ 래치 릴레이(L)

- 래치(Latch) 릴레이는 정전유지를 할 수 있는 릴레이이다. 따라서 PLC 정원의 Off시에도 연산결과(On/Off)정보가 유지된다.
- 래치 릴레이는 래치 클리어인 Reset를 시켜야 Clear된다.

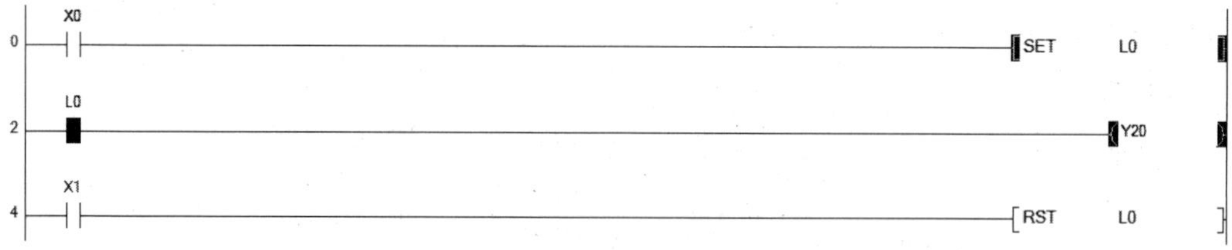


⑤ 에지 릴레이 (V)

- 서브루틴이나 인터럽트 프로그램 등 반복하여 실행하는 프로그램 중에서 Pulse하여 사용하는 디바이스이다.

⑥ 어넌시에이터(F)

- 어넌시에이터(**Annunciator;알림장치**)는 사용자가 작성한 설비의 이상 및 고장 검출용 프로그램에서 사용하면 편리한 내부 릴레이이다.

⑦ 링크 릴레이(B)

- 링크 릴레이는 MELSECNET에서 사용하는 릴레이이다.

⑧ 링크 특수 릴레이 (SB)

- 링크 특수 릴레이는 MELSECNET 네트워크 모듈 등에 관한 통신 상태 및 이상 검출을 표시하는 릴레이이다.

⑨ 스텝 릴레이(S)

- 스텝 릴레이는 SFC 프로그램 전용 디바이스이다.

## 2) 워드 디바이스

① 타이머(T)

- 타이머는, 타이머 코일이 On하면 계측을 시작하여 현재값이 설정값 이상이 되었을 때 타이머가 On되는 디바이스이다.
- 타이머 종류에는 일반타이머와 고속타이머가 있다.
- **일반타이머**는 계측 단위가 1~1000ms이며 디폴트는 100ms이다. 예로서 100은 10s가 되는 것이다. 여기서 디폴트값의 변경은 좌측 프로젝트 관리 중 PLC 파라미터를 선택한 후에 PLC 시스템 설정에서 타이머의 계측 단위를 변경할 수가 있다.
- 프로그램 입력은 F7인 ()에서 T0 k100 또는 OUT T0 k100로 하면 된다.

- 일반타이머를 사용했을 경우 :

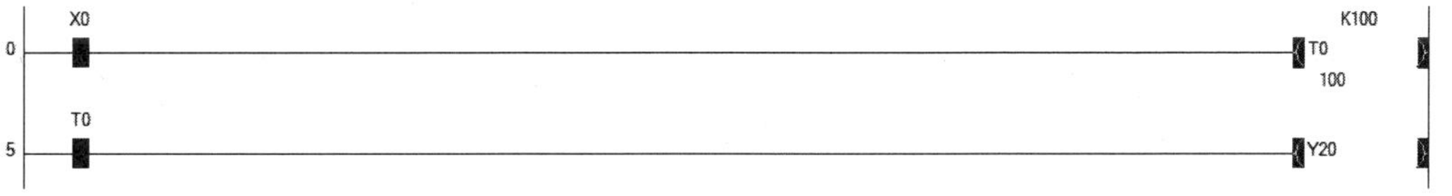

- **고속타이머**는 계측 단위가 0.1~100ms이며 디폴트는 10ms이다. 예로서, 1000은 10s가 되는 것이다.
- 프로그램 입력은 F7인 ()에서 T200 k1000 또는 OUTH T200 K1000로 하면 된다.

- 고속타이머를 사용했을 경우 :

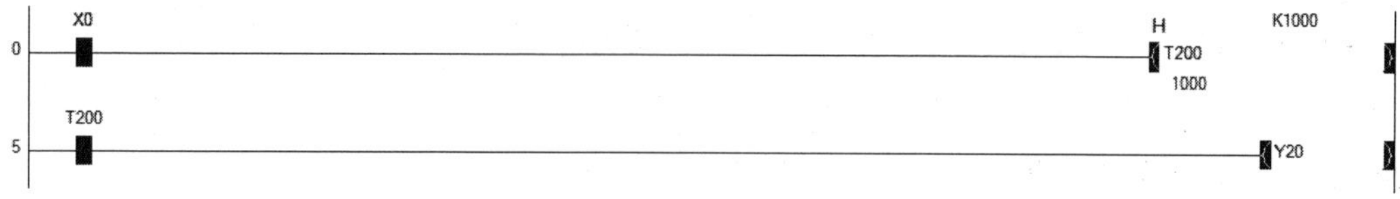


② 적산타이머

- 타이머 코일이 Off되어도 현재 값을 유지하는 것이 일반 타이머와의 차이점이다.
- 좌측 프로젝트 관리 중에 PLC 파라미터를 선택한 후, 디바이스 설정에서 적산 타이머의 0점을 16점으로 고쳐야 쓸 수 있다.

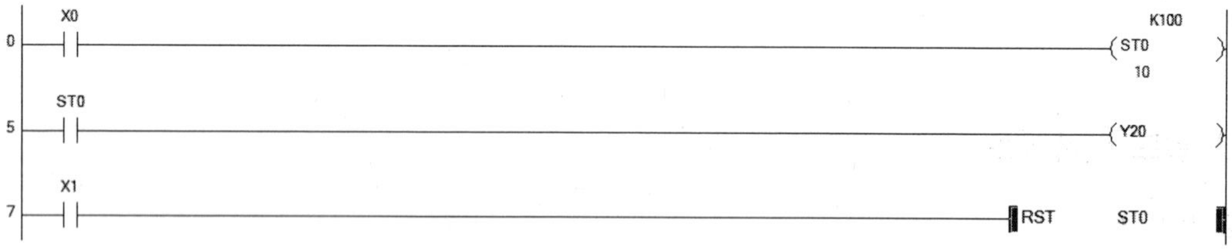


프로그램에서 알 수 있듯이 X0가 Off인 적산타이머 ST0은 그 값이 유지됨을 알 수가 있다. 그래서 현재값의 Clear는 RST 명령으로 가능하다. 참고로 적산타이머의 계측단위도 일반 타이머와 같이 저속과 고속이 있다.

③ 카운터

- 카운터는 입력 조건이 On되는 횟수를 가산하는 디바이스이다. 이 횟수가 설정 값에 도달하면 카운터가 On된다. 가산 도중에 Reset시키면 '0'부터 다시 시작된다.

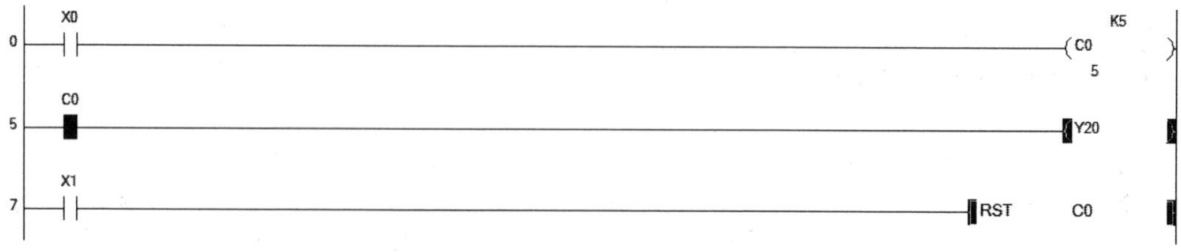


④ 데이터레지스터(D)

- 데이터레지스터는 수치를 저장할 수 있는 메모리이다.

- 구성은 1점 16비트로 읽고 쓸 수 있으면, 16진수(HEX)는 $0000_H$ ~ $FFFF_H$ 까지 저장 가능하지만, 부호비트가 있으므로 정수로 -32,768 ~ 32767까지 가능하다.
- 32비트 명령으로 데이터레지스터를 사용하면, 32비트까지 가능하다. 예로 [DMOV K500000 D12]라고 작성하면, D12는 하위 16비트가 되고 D13은 상위 16비트가 된다. 따라서 -2,147,483,648에서 2,147,483,647까지 저장이 가능하다.
- 저장한 데이터는 다음에 다른 데이터가 저장될 때까지 유지되지만, PLC 전원이 Off되거나, CPU가 Reset되면 초기화된다.

⑤ 링크레지스터(W)

- 링크 레지스터는 MELSECNET/H 네트워크 모듈에서 사용하는 릴레이이다.

⑥ 링크 특수 레지스터(SW)

- 링크 레지스터는 MELSECNET/H 네트워크 모듈에서 사용하는 릴레이이다.

### 3) 내부 시스템 디바이스

내부 시스템 디바이스는 할당 및 용량이 고정되어 있어 사용자가 변경할 수 없다.

① Function 디바이스(FX, FY, FD)

- Function 디바이스는 서부루틴에서 사용하는 디바이스이다.
- 종류에는 Function 입력(FX), Function 출력(FY), Function 레지스터(FD) 등이 있다.

② 특수 릴레이(SM)

- 특수 릴레이는 특수한 기능을 부여한 내부 비트 메모리이다.
- 진단 정보, 통신, 시스템 정보, 시스템 클록 및 카운터, 메모리 관련 정보, 명령 관련 정보, 디버그 및 프로세스 제어에 관한 정보에 관련된 기능을 부여한 메모리이다.

**표 2.2 많이 사용되는 특수 릴레이**

| 릴레이 번호 | 명칭 | 내용 |
|---|---|---|
| SM400 | 상시 On | |
| SM401 | 상시 Off | |
| SM402 | 한 스캔만 On | |
| SM403 | 한 스캔만 Off | |
| SM409 | 0.01초 클록 | |
| SM401 | 0.1초 클록 | |
| SM411 | 0.2초 클록 | |
| SM412 | 1초 클록 | |
| SM413 | 2초 클록 | |

③ 특수 레지스터(SD)

- 특수 레지스터는 CPU의 모듈상태인 고장진단이나 시스템 정보가 저장되어 있다.

## 4) 기타 특수 디바이스

① 인텔리전트 기능 모듈 디바이스(U□₩G□)

- 인텔리전트 기능 모듈 디바이스는 특수 기능 모듈의 입출력 번호와 버퍼메모리 주소를 CPU에서 직접 액세스하는 디바이스이다.
- 기존의 인텔리전트 기능모듈의 버퍼메모리를 읽고 쓰기 위한 명령어인 FROM, TO 명령어를 좀 더 간단하게 사용할 수 있도록 만들어진 명령어이다.
- 지정방법은 다음과 같다.
  U 다음에는 인텔리전트 기능모듈이 장착된 위치어드레스 번호가 된다. (Hexa 표현)
  패스를 의미하는 \G 또는 ₩G 다음에 오는 버퍼메모리의 어드레스 번지가 된다. (Decimal 표현)

② Index 레지스터(Z)

- Index 레지스터는 프로그램에서 사용하는 디바이스의 간접 설정에 사용한다.
- Index 레지스터는 1점 16비트로 구성되어 있으며, 비트 단위로 읽기쓰기가 가능하다.
- 32비트 명령어로 Z2를 지정하면, Z2는 하위 16비트가 되고, Z3는 상위 16비트가 된다. 예로서 [DMOV D0 Z2]하면 Z2는 하위 16비트, Z3는 상위 16비트가 이동된다.

③ 파일 레지스터(R)

- 파일 레지스터는 데이터 레지스터의 확장용 디바이스이다.

# Chapter 3
# GX Works2 사용법

GX Works2는 Windows 상에서 설계, 디버그, 보수까지를 실행하기 위한 프로그래밍 툴로, 기존의 GX Developer에 비해 기능이나 조작성이 향상되어서 더욱 쉽게 사용할 수 있는 프로그램 툴이다.

위치결정이나 아날로그 제어를 하려면 인텔리젠트 모듈 설정을 해야 한다. 기존의 GX Developer GX-Configurator라는 각각의 S/W가 필요하였지만, GX Works2는 툴을 따로 설치할 필요 없이 Intelligent 모듈을 간단하게 설정할 수 있다. 또한 GX Works2에는 시뮬레이션을 위한 GX Simulator가 포함되어 있어서 별도의 프로그램 설치가 필요 없고, 시뮬레이션 속도가 빠르다.

## 3.1 특징

### 1) 심플 프로젝트와 구조화 프로젝트 선택 가능

① 심플 프로젝트

미쓰비시 PLC CPU의 명령을 사용하여 프로그램을 작성하며, 또한 기존의 GX Developer와 동일하게 프로그램을 작성할 수가 있다.

② 구조화 프로젝트

제어를 세분화하기 위하여 프로그램의 공통부분을 부품화하면, 보기 쉽고 유용성 높은 프로그램작성인 구조화 프로그래밍이 가능하다. 이 프로젝트는 라벨 프로그래밍만 대응한다.

### 2) 다양한 프로그램 언어 사용가능

GX Works2는 IEC61131-3규격에 대응하기 위하여, 시스템 구성에 맞는 언어 선택이 가능하다. 사용 가능한 언어는 레더, ST, SFC, FBD 등이다.

① 편리성을 추구한 사용자 인터페이스하기 위한 프로그래밍 툴로, 직감적인 조작으로 누구라도 쉽게 프로그래밍 할 수 있도록 개발되었다.

② 크로스 레퍼런스로 프로젝트에 사용되고 있는 디바이스/라벨을 검색할 수 있고, 결합 윈도우에 표시되므로 프로그램 화면과 바둑판식으로 표시할 수 있다. 또한 직감적인 조작으로 디바이스나 라벨이 프로그램의 어디에 사용되고 있는지 확인할 수 있다.

③ 인텔리전트 기능 모듈의 설정 기능을 GX Works2에 통합하였다. 따라서 GX Works2의 프로젝트에서 인텔리전트 기능 모듈의 설정을 관리할 수 있다.

④ 시스템 전체의 모니터 화면에서 각 모듈의 동작 상태나 에러 정보를 확인할 수 있어 이상 발생 시에도 신속하게 대응할 수 있다.

⑤ 라벨이나 파라미터를 Excel®에서 쉽게 편집할 수 있고, 다양한 프로그램 데이터를 CSV 형식의 파일로 출력할 수 있다.

⑥ 프로그램 데이터를 CSV 형식의 파일로 출력하면 다음의 장점이 있다.

- GX Works2가 인스톨되어 있지 않은 PC에서도 데이터를 확인할 수 있다.
- PC에 데이터로 저장할 수 있다.
- 원격지에 데이터를 메일로 보낼 수 있다.
- Excel®을 사용하여 문서화 하거나 그래프화 할 수 있다.
- CSV 형식을 취급할 수 있는 기타 소프트웨어와 연계할 수 있다.

## 3.2 USB 포트에 의한 접속

PC-PLC USB 통신을 위한 별도의 USB드라이버를 설치해야 한다.

① 아래 경로의 파일을 이용해 USB드라이버를 수동으로 설치할 수도 있다.

② 드라이버 위치는 ₩MELSEC₩Easysocket₩USBDrivers 폴더 안에 있다.

③ 이 USB드라이버는 자동으로 설치되지 않기 때문에 사용자가 직접 드라이버 파일을 지정하여야 설치가 가능하다.

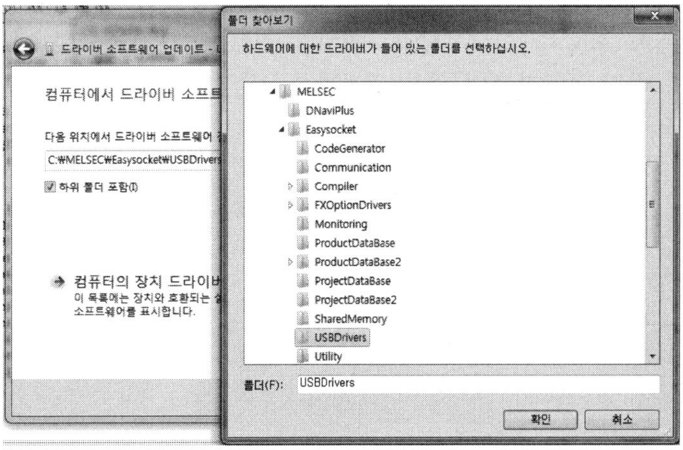

## 3.3 화면구성

### 1) 전체화면 구성

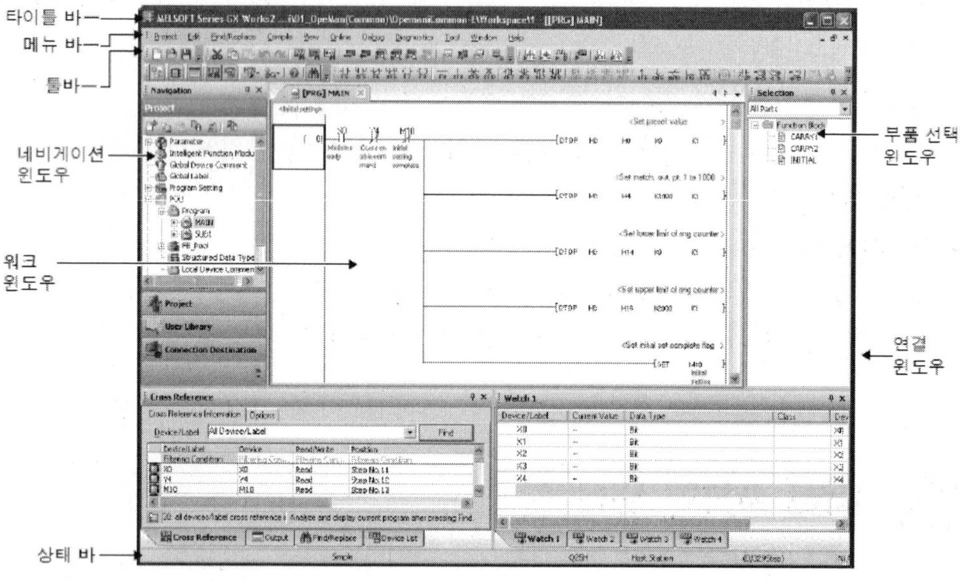


- 타이틀 바 : 프로젝트명 등이 표시
- 메뉴 바 : 각 기능을 실행하는 메뉴가 표시
- 툴바 : 각 기능을 실행하는 툴 버튼이 표시
- 워크 윈도우 : 프로그래밍, 파라미터 설정, 모니터 등을 실행하는 메인이 되는 화면
- 연결윈도우 : 워크 윈도우에서 실행하는 작업을 지원하기 위한 화면
- 상태 바 : 편집 중인 프로젝트에 관한 정보가 표시

# 3.4 프로젝트 관리

## 1) 프로젝트 새로 만들기

**[프로젝트] → [프로젝트 새로 만들기]**

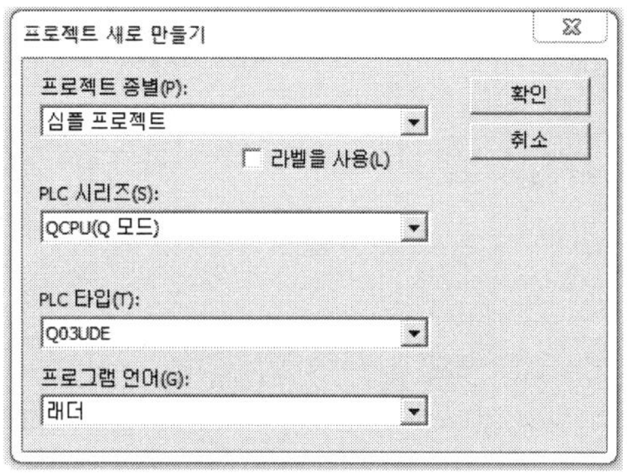


① 프로젝트 종별 : "심플 프로젝트" 또는 "구조화 프로젝트"를 선택하고, 심플 프로젝트에서 라벨을 사용하여 프로그래밍을 하는 경우에 〈라벨을 사용〉에 체크한다.

② PLC 시리즈 : PLC 시리즈를 선택한다.

③ PLC 타입 : 사용하는 PLC 타입(PLC CPU의 형명)을 선택한다.

④ 프로그램 언어 : 작성하는 프로그램 언어를 선택한다.

## 2) 기존의 프로젝트 열기

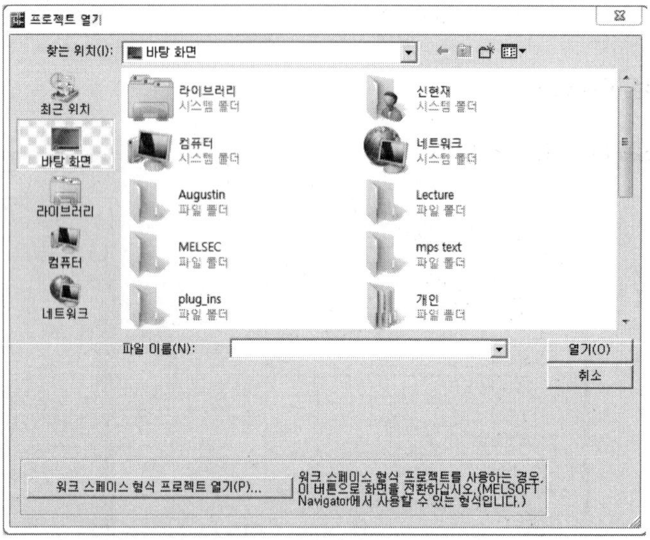


컴퓨터에 저장된 프로젝트를 더블 클릭하여 읽어 온다.

## 3) 프로젝트 저장

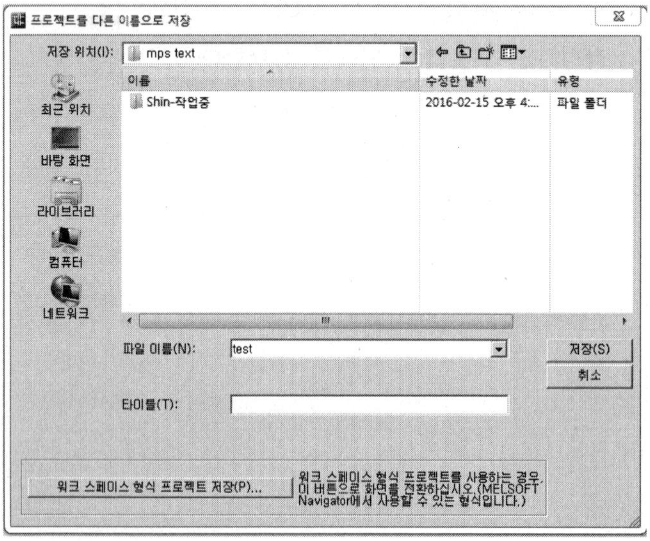


작성한 프로젝트를 저장하려는 폴더를 열어서 프로젝트 이름을 부여하고 저장한다.

### 4) 프로젝트 닫기

**[프로젝트]** → **[프로젝트 닫기]**로 현재 열려있는 프로젝트를 닫는다.

### 5) 프로젝트 대조

PLC 타입과 프로젝트 종류가 동일한 경우에는 프로젝트의 내용이 같거나 프로그램의 변경위치 등을 확인할 수가 있다. 대조 대상은 프로그램, 파라미터, 인텔리전트 기능 모듈 파라미터(초기 설정/자동 리프레시), QD75/LD75형 위치결정 모듈이다.

프로젝트의 내용이 같거나 프로그램의 변경위치 등을 확인하는 경우에 사용한다.

## 3.5 프로그램 작성

### 1) 프로젝트 새로 만들기 또는 불러오기

### 2) 파라미터 작성

### 3) 프로그램 편집

① 라인 삽입

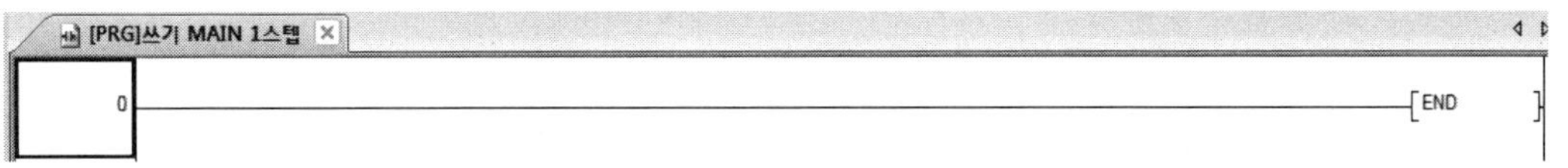


커서를 그림 위치에서 [Shift] + [Insert] 키를 동시에 누르면 누르는 회수만큼 라인이 다음 그림과 같이 생긴다.

② 커서를 입력 위치로 이동

③ 입력 접점을 기입하고 Enter 한다.

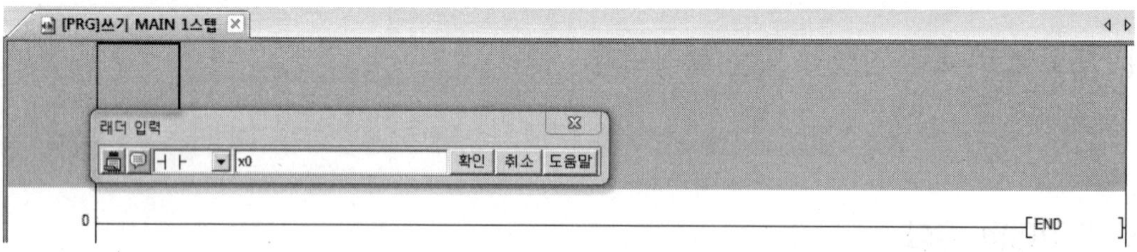


④ 출력 접점을 기입하고 Enter 한다.

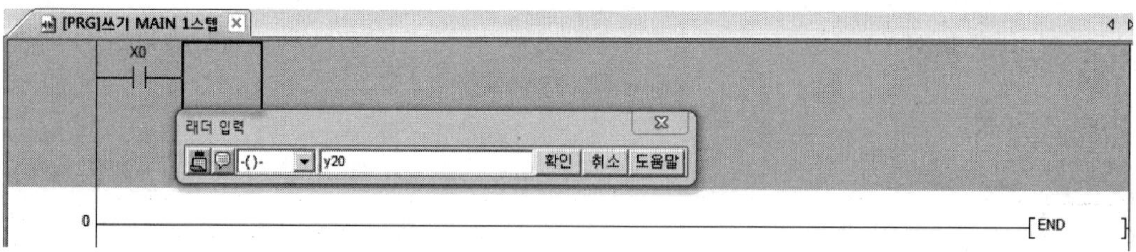


⑤ 2중 코일 사용 방지

**[도구] → [옵션] → [프로그램 에디터] → 래더/SFC**에서 다음 그림과 같이 2중 코일에 체크한다. 프로그램 편집 중에 2중 코일을 사용하면 메시지 창이 나온다.

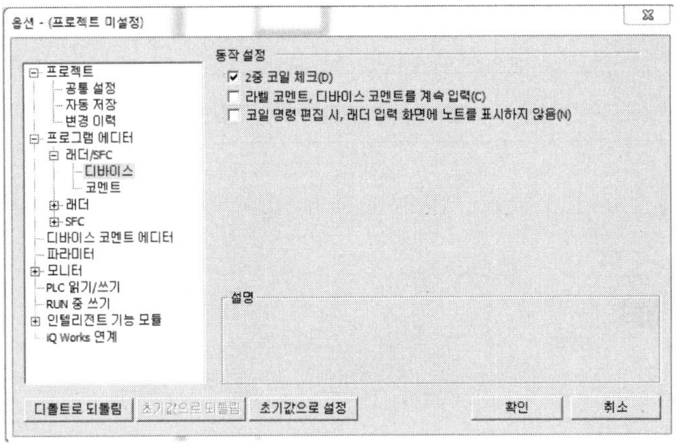

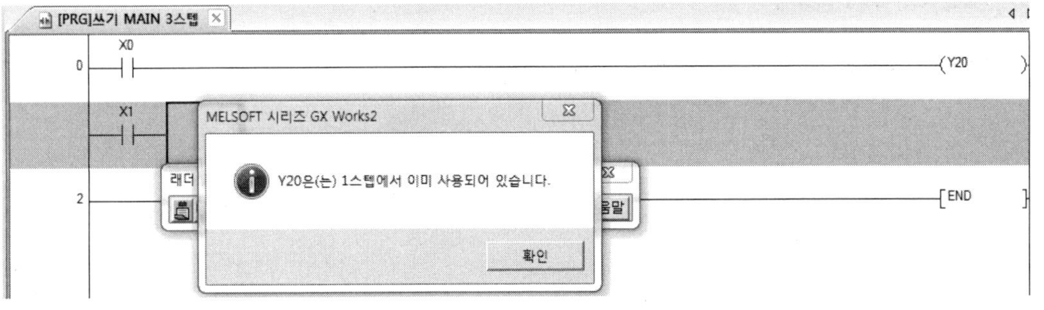

## 4) 컴파일

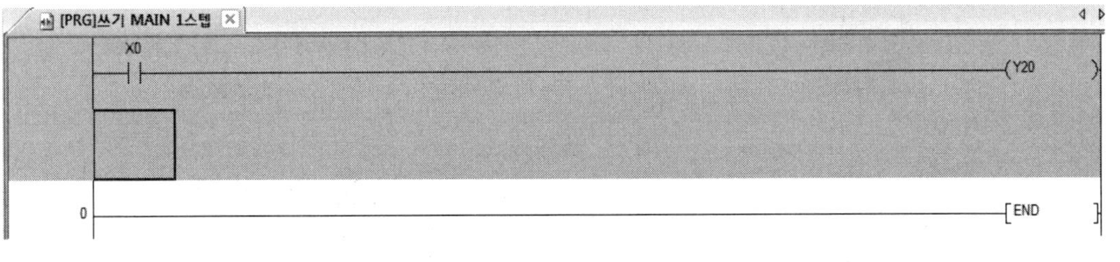

접점을 작성한 후에 F4 key를 누르면 컴파일이 된다. 컴파일이 완료된 화면은 다음과 같이 회색으로 블록 지정된 것이 없어진다.

만약 컴파일을 안 하면 작성중인 프로그램이 모두 지워진다.

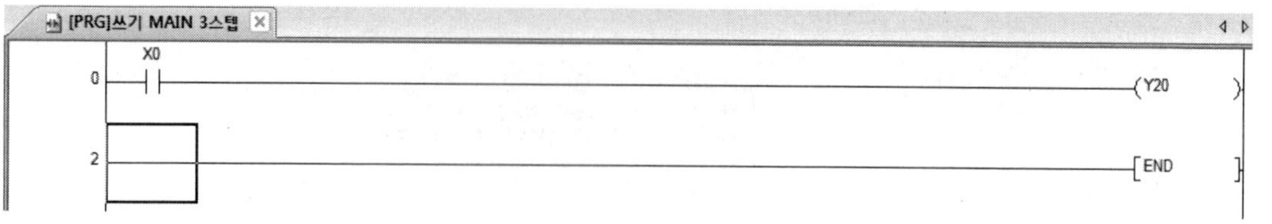


## 5) PLC CPU에 접속

## 6) PLC CPU에 쓰기

[온라인] → [PLC 쓰기] 하면 다음과 같은 창이 뜬다.

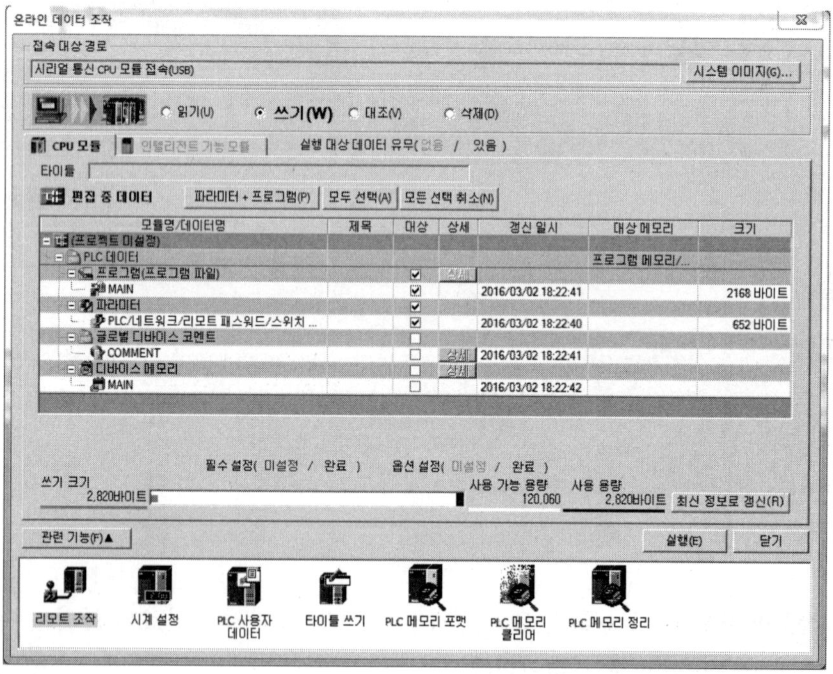


CPU 모듈을 클릭하고 실행하면 된다. 만약 위치제어 모듈을 사용하면, 인텔리전트 모듈도 클릭하고 실행해야 한다.

전송 시 PLC CPU는 Stop으로 하고 전송하며, 전송이 완료되면 5초간 Reset 후에 프로그램을 실행시킨다.

## 7) 모니터링

온라인 → 모니터 → 모니터 시작을 하면 모니터링이 시작되고, 정지를 하면 정지된다.

## 8) 주석(Comment)

프로그램에 쓰이는 주석(Comment)은 디바이스 코멘트와 스테이트먼트 그리고 노트가 있다. **디바이스 코멘트**는 접점을 설명하는 것이고, **스테이트먼트**는 처리 등의 흐름을 쉽게 파악하기 위한 것이며, 노트는 코일을 설명해주는 것이다. **[편집] → [문서작성]에서 디바이스 코멘트 편집, 스테이트먼트 편집, 노트 편집** 등이 실행한 후에 커서를 원하는 부분으로 이동하여 더블클릭하면 코멘트 할 수 있다.

모니터링 중이라면 정지한 후에 코멘트를 할 수 있다. 또한, 넓어진 라인 사이를 줄이려면 [표시]에서 체크되어있는 부분을 클릭하면 원래대로 된다.

## 9) 에러/경고 확인 후의 수정방법

**[표시] → [도킹 창] → [아웃풋 창]**

아웃풋 창에서 표시된 에러/경고 메시지를 더블 클릭하면, 프로그램에 해당 위치가 표시된다.

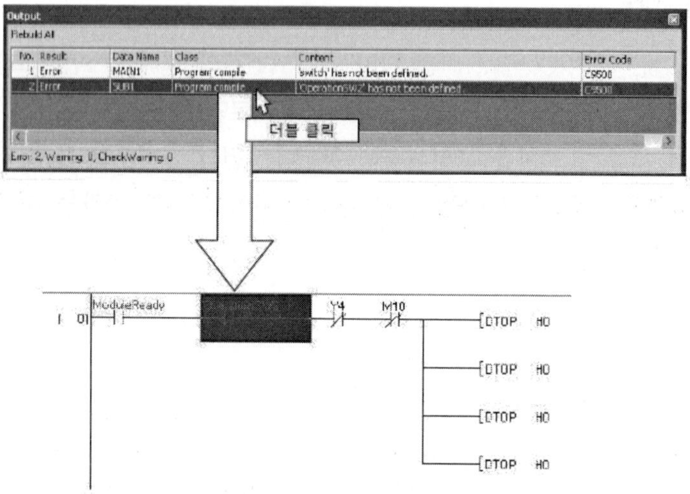


그림 3.16

이때 표시된 에러/경고 메시지에 따라 수정하면 된다.

## 10) 글로벌 디바이스 코멘트/로컬 디바이스 코멘트

글로벌 디바이스 코멘트는 프로젝트 새로 만들기 시에 자동으로 작성되는 디바이스 코멘트이다. 복수의 프로그램에서 사용하는 공통의 디바이스 코멘트 데이터를 사용하는 경우에 설정한다. 또한 복수의 프로그램이 존재하지 않는 경우에도 설정할 수 있다. MAIN 프로그램에 디바이스 코멘트를 붙이고자 하는 경우에 설정한다. 다음은 글로벌과 로컬 디바이스 코멘트의 차이를 도식으로 표현한 것이다.

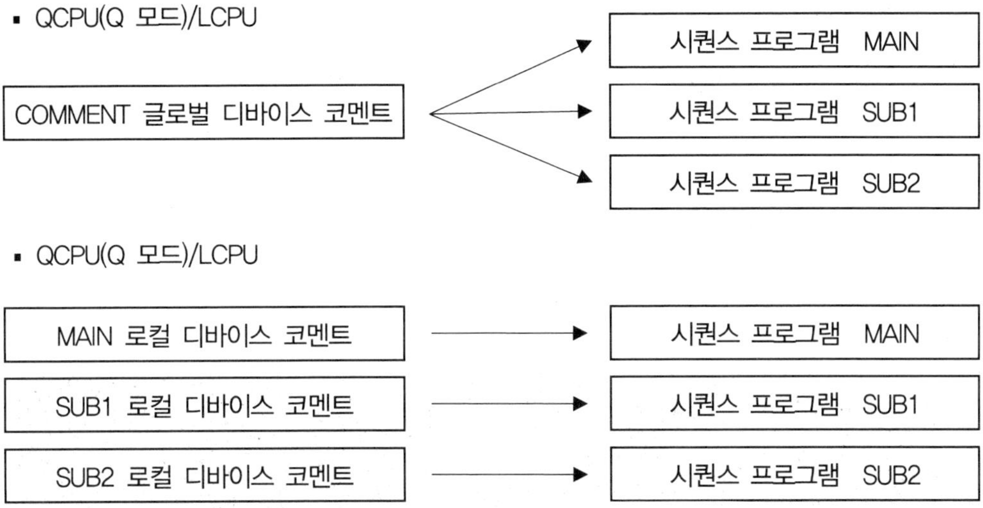


**그림 3.17**

디바이스 코멘트는 외부로 입력 및 출력가능한데, 다음과 같이 글로벌 디바이스 코멘트에서 CVS 파일로 하면 입력과 출력이 가능하다. 그렇게 되면 스페셜 릴레이, 스페셜 레지스터 및 각 인텔리전트 모듈의 신호 코멘트를 자동입력하여 작업효율을 향상시킬 수 있다.

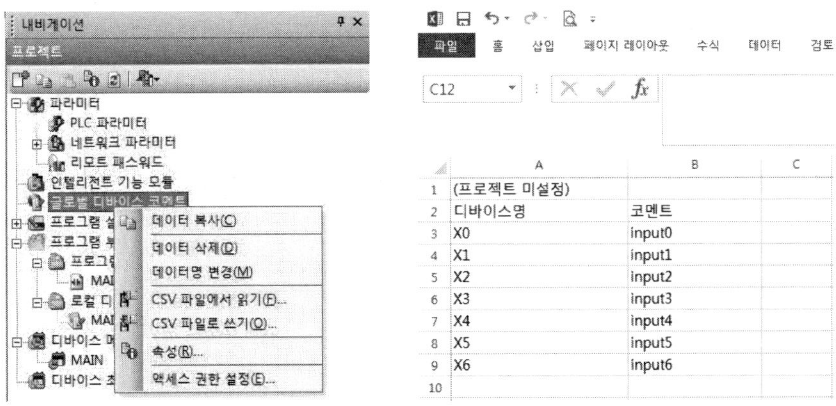


엑셀 파일로 저장 시 확장자를 CVS로 지정하면 된다.

## 11) 접어두기 기능

접어두기 기능으로 조작성 및 가동성을 향상시킬 수가 있다. 접어두기 하고자 하는 영역을 마우스를 드래그하여 다음과 같이 선택한다.

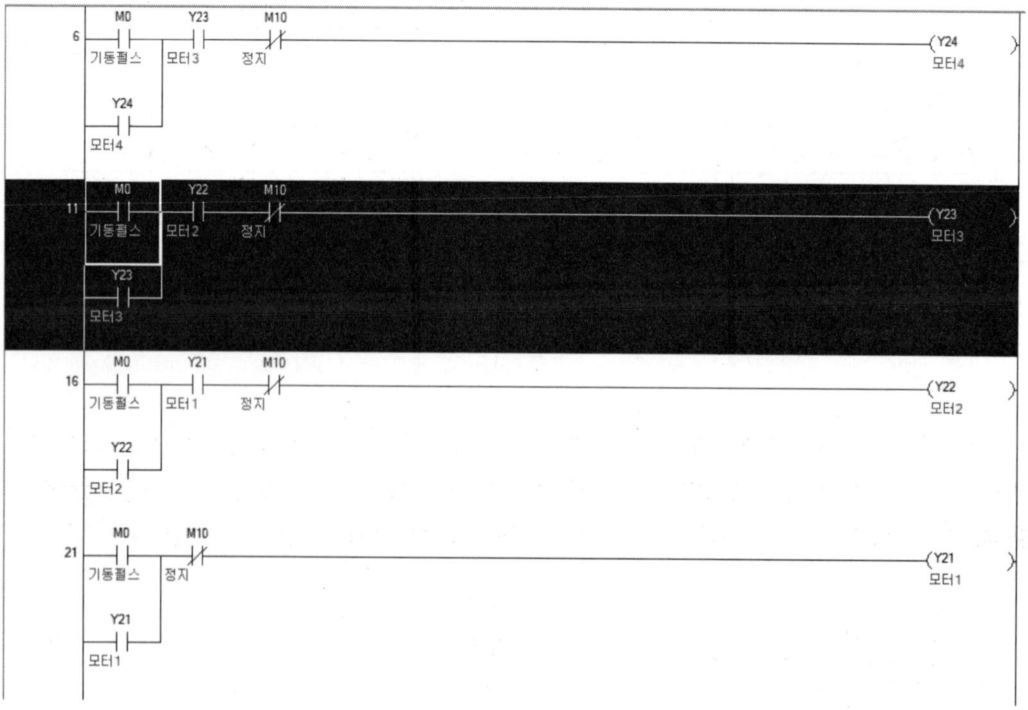


마우스의 오른쪽 버튼을 누르고 다음과 같은 화면에서 래더 블록 숨기기를 선택하면 된다.

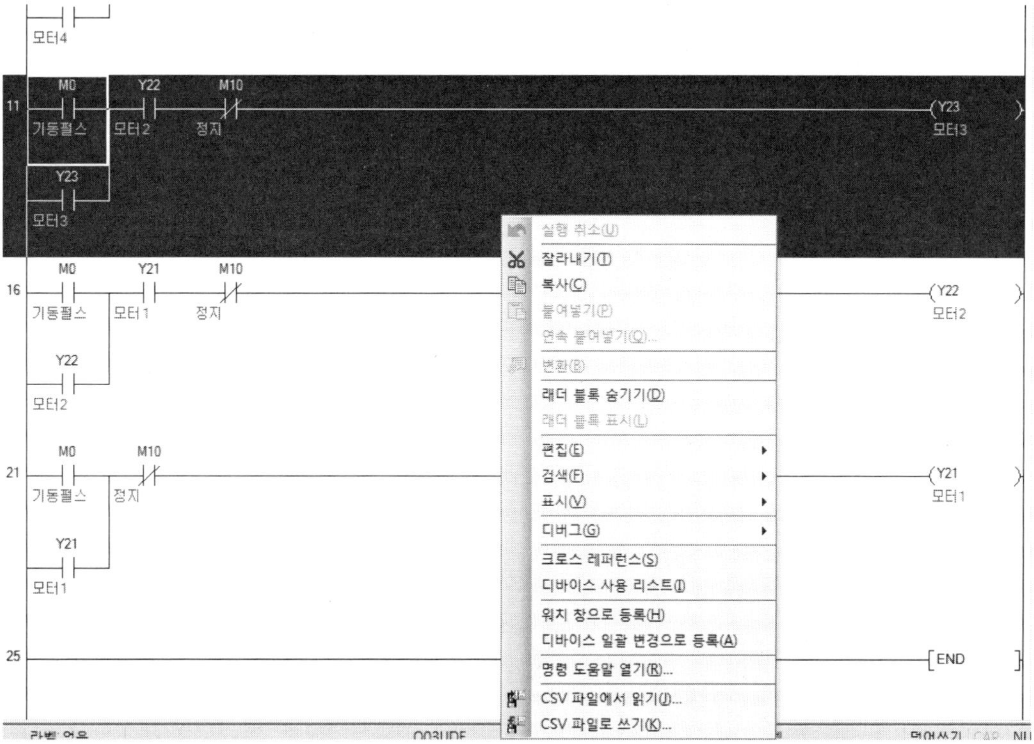


다음은 래더 블록이 감추어진 상태이다.

원 상태로 돌리고자 할 때는 마우스의 오른쪽 버튼을 누르고 래더 블록 표시를 누르면 된다. 프로그램이 큰 경우에 편리하게 사용할 수 있다.

# Chapter 4
# 명령어

## 4.1 데이터 종류

명령어에서 사용할 수 있는 데이터 종류에는 **접점이나 코일에서 1비트 단위인 비트데이터, 수치데이터에는 워드 데이터와 더블 워드 데이터로 구성된 상수데이터와 부동소수점 형태의 실수 데이터, 문자데이터** 등이 있다.

### 1) 비트 디바이스 사용

① 접점과 코일로 비트 디바이스를 사용할 수가 있다.

② 워드 데이터는 자리를 지정하면 비트 데이터로 취급할 수 있다.

③ 자리는 4점(4비트) 단위로 K1 ~ K4까지 지정할 수 있다. 비트데이터의 자리는 "디바이스의 선두번호"로 지정한다.

예를 들어 X0의 자리를 지정한 경우의 지정된 디바이스는 다음과 같이 된다.

- K1X0 → X0 ~ X3(4비트)
- K2X0 → X0 ~ X7(8비트)
- K3X0 → X0 ~ XB(12비트)
- K4X0 → X0 ~ XF(16비트)

**프로그램①**

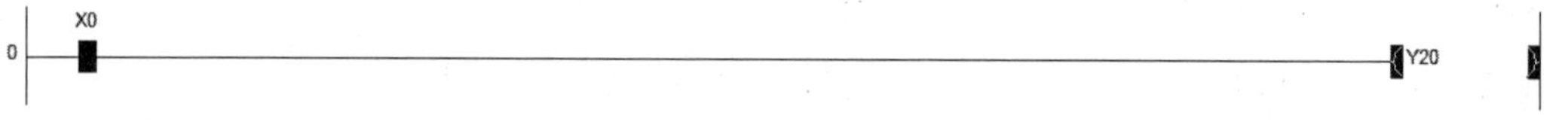


**프로그램②**

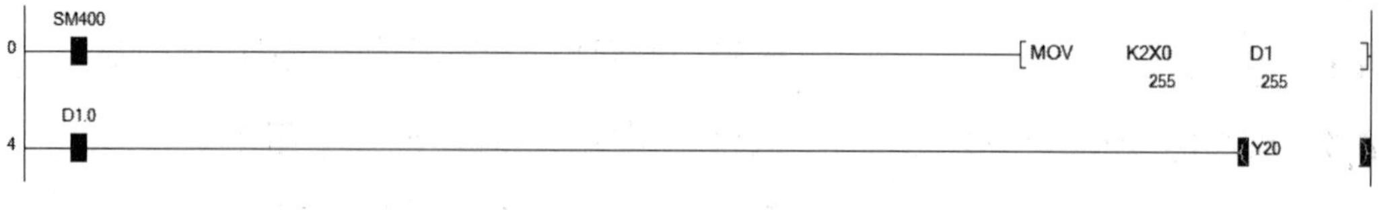

**프로그램③**

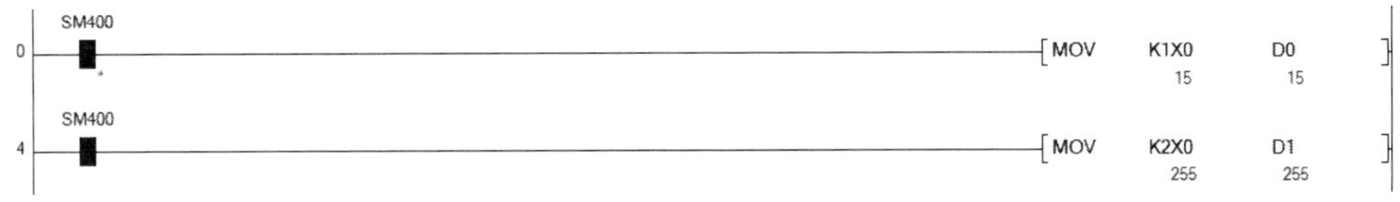


프로그램 설명

- 프로그램①은 입력접점인 X0의 On/Off 상태에 따라 출력점점 Y20이 On/Off 된다.
- 프로그램②에서 K2X0은 X0~X7의 8개의 비트 신호이다. 프로그램에선 8개의 입력신호를 모두 On 하므로 '1111 1111'되어 D1값이 255가 된 것이다. 또한 D0에서 맨 처음 비트의 상태가 1이므로 Y20이 On 된 것이다. 즉, 워드 데이터에 자리를 지정하여 비트 정보로 사용한 것이다.
- 프로그램③에서 첫 줄은 K1X0이므로 X0~X3의 신호를 On되어 15가 된 것이고, 두 번째 줄은 K2X0이므로 X0 ~ X7의 신호를 On되어 255가 된 것이다.

> **▶Tip**
>
> - SM400은 상시 ON되는 예약어이다.
> - [MOV ⓢ ⓓ]에서 ⓢ(Source)는 원 디바이스이고, ⓓ(Designation)는 지정 디바이스이다. 원 디바이스에 있는 데이터를 지정 디바이스로 이동시킨 것이다.

## 2) 워드 디바이스 사용

- 상수 데이터는 워드 데이터이다.
- 워드 디바이스는 16비트를 단위로 사용한다.
- 32비트 명령에서는 (지정 디바이스번호)와 (지정디바이스 번호+1)을 사용한다. MOV는 워드 디바이스인 16비트를 전송하고, DMOV는 더블워드 디바이스인 32비트를 전송한다.

**프로그램**

프로그램 설명

상수 100을 D 디바이스에 전송하여서 값을 기록하는 프로그램이다.

> **▶Tip**
>
> 상수는 앞에 K를 붙인다.

### 3) 실수 데이터의 경우

- 실수는 32비트의 부동 소수점데이터이다. 따라서 더블 워드 디바이스만 저장할 수 있다.
- 실수를 취급하는 명령에서는 하위 16비트로 사용할 디바이스를 지정하고, (지정디바이스 번호)와 (지정디바이스 번호+1)의 32비트에 저장된다.
- 실수는 EMOV로 값을 전송한다. [EMOV R100 D0]
  여기서 EMOV는 실수 데이터를 전송하는 명령어이고, R100은 실수 100은 32비트이므로 D0과 D1에 저장하라는 프로그램이다.

### 3) 문자열 데이터의 경우

본 교재에서 문자열 데이터는 생략한다.

## 4.2 시퀀스 명령

### 1) 연산시작(LD(P), LDI(F))

- LD는 A접점 연산시작, LDI는 B접점 연산시작명령이다.
- (P)는 상승이고, (F)는 하강 펄스명령이다.

### 2) 직렬접속(AND(P), ANI(F))

- AND는 A접점 직렬접속, ANI는 B접점 직렬접속 명령이다.

### 3) 병렬접속(OR(P), ORI(F))

- OR은 A접점 1개에 의한 병렬접속, ORI는 B접점 1개에 의한 병렬접속 명령이다.

## 4.3 결합 명령

### 1) 래더 블록 직렬접속(ANB, ORB)

A 블록과 B 블록의 AND 연산을 하여, 이를 연산 결과한다.

ANB나 ORB는 접점 심볼(symbol)이 아니라 접속 심볼이다.

### 프로그램

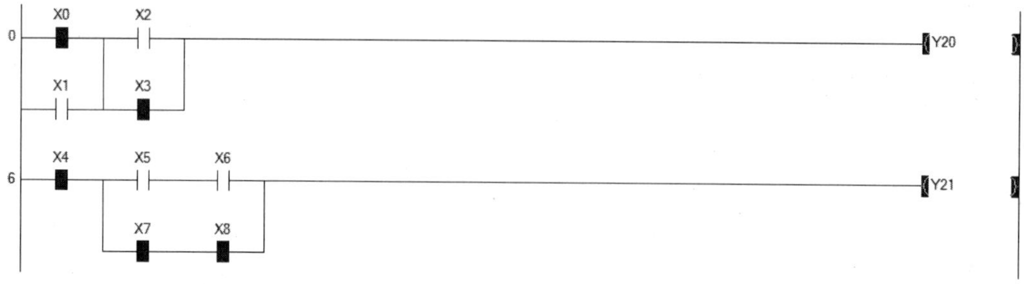


프로그램 설명

- 1번 라인에서 첫 번째 블록은 X0과 X1이 OR 조건이고 두 번째 블록은 X2과 X3도 OR 조건이므로, 이 두 개의 블록이 전부 On되어야 출력이 되는 것이 블록 AND 접속이다.
- 만약 두 블록 중에 하나라도 전부 Off되면 출력이 나오지 않는다. 이 프로그램에선 X0가 Off되거나, X3가 Off되어도 출력이 나오지 않는다.
- 2번 라인에서 첫 번째 블록은 X5과 X6이 AND 조건이고 두 번째 블록은 X7과 X8도 AND 조건이다. 블록 OR 접속이기 때문에 두 블록 중에 한 블록만 On되어도 출력된다.

## 4.4 분기 및 반전명령

### 1) 분기(분기시작(MPS), 분기계속(MPD), 분기끝(MPP))

MPS 명령 직전의 연산결과(ON/OFF)를 기억하고, MPD는 MPS 명령에 의해 기억한 연산 결과를 읽고, 다음 스텝에서 그 연산 결과를 사용하고, MPP는 MPS 명령에 의해 기억한 연산 결과를 클리어한다.

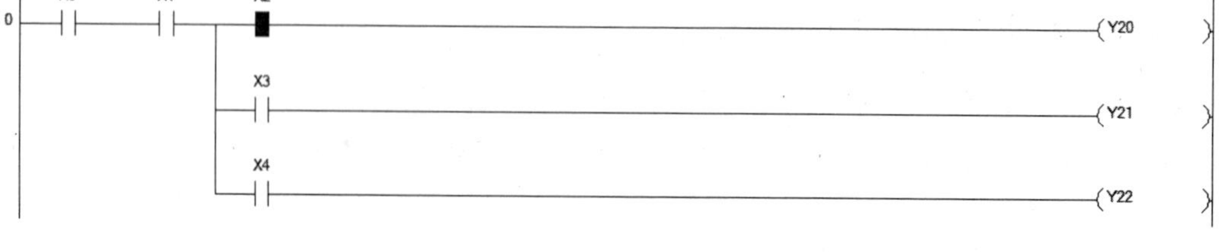

### 2) 반전(INV)

## 4.5 출력명령

### 1) OUT 명령(OUT)

OUT 명령까지의 연산 결과를 지정된 디바이스에 출력한다.

### 2) 어넌시에이터 출력 (OUT F)

OUT 명령까지의 연산 결과를 지정된 어넌시에이터(**Annunciator;알림장치**)에 출력한다. 여기서 어넌시에이터는 사용자가 작성한 설비의 이상 및 고장 검출용 내부 릴레이이다.

### 3) 펄스상승, 펄스하강 출력(PLS, PLF)

펄스상승출력명령인 PLS는 실행 지령의 OFF → ON 시에 지정디바이스를 1스캔 ON하고, 실행 지령이 OFF → ON시 이외일 때는 출력을 안 보낸다. 또한 펄스하강출력명령인 PLF는 실행 지령이 ON → OFF 시에 지정디바이스를 1스캔 ON하고, 실행 지령이 ON → OFF 이외일 때는 출력을 안 보낸다.

## 프로그램

### 프로그램 설명

한 스캔만 On되는 Y20과 Y21을 자기유지 시킨 프로그램이다. 차이점은 라인1에 있는 PLS은 On되면서 1스캔만 출력되는 것이고, 라인3에 있는 PLF는 On된 신호를 Off시킬 때 1스캔만 출력된다. 이런 출력신호를 쓰는 이유는 신호간섭을 피하기 위함이다.

## 4.6 종료명령

### 1) 메인 루틴 프로그램 종료(FEND)

FEND 명령은 CJ 명령(포인터 분기) 등으로 시퀀스프로그램의 연산을 분기하는 경우, 메인 루틴 프로그램을 서브루틴 프로그램, 인터럽트프로그램으로 분할할 때 사용한다.

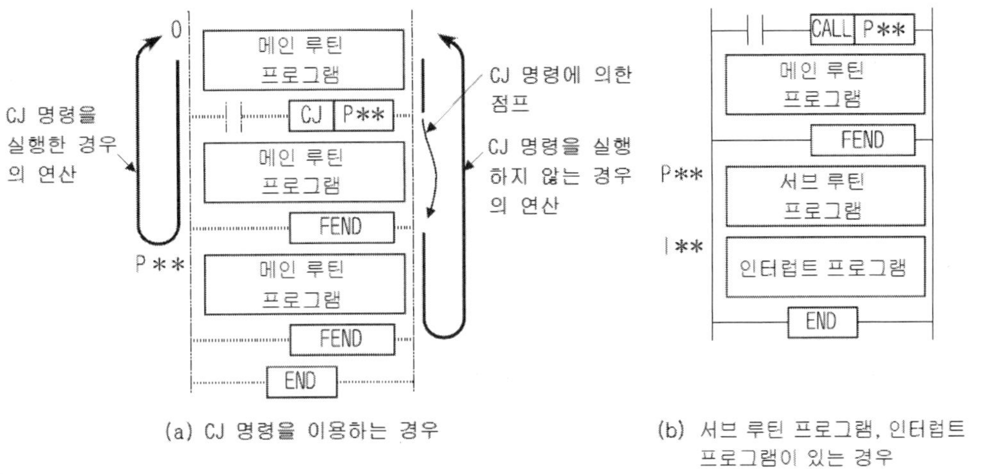


그림 4.1

### 2) 프로그램 종료(END)

메인 루틴 프로그램, 서브루틴 프로그램, 인터럽트프로그램을 포함한 프로그램의 마지막을 나타낸다.

## 4.7 데이터 전송명령어

멜섹 PLC에서는 다양한 데이터 전송 명령어를 가지고 있다. 본 교재에서는 많이 사용되는 명령어를 중심으로 설명한다.

## 1) 16비트/32비트 데이터 전송 명령어

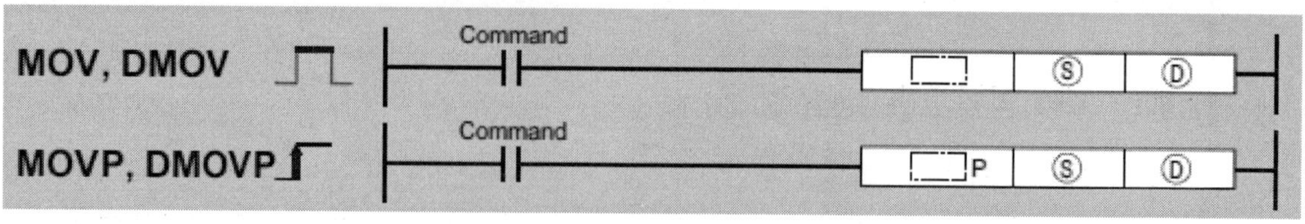


그림 4.2

ⓢ 전송소스(Source) 데이터 또는 데이터가 저장되어 있는 디바이스 번호(BIN16/32비트)
ⓓ 전송대상(Designation) 디바이스번호(BIN16/32비트)

**프로그램①** **예제1** D0에 십진수 16을 전송하는 프로그램

**프로그램②** **예제2** D1에 X0~X3에 있는 데이터를 전송하는 프로그램

X0~X3가 전부 On인 경우에 D1에 1111(BIN), f(Hex), 15가 전송된다.

**프로그램③** **예제3** 70000을 D1에 저장하는 프로그램

> **▶Tip**
>
> 16비트로 전송할 수 있는 값은 $2^{16} = 65536$ 이기 때문에, MOV 명령어를 쓰면 범위를 벗어났다는 오류 메시지가 나온다.
>
> 그래서 32비트 전송명령어인 DMOV명령어를 사용해야 한다.

**프로그램④** 17진수 f를 D1에 저장하는 프로그램

16진수 표현은 수 앞에 H를 붙여서 H0f가 된다.

### (2) 실수 데이터 전송 명령어

32비트 부동소수형 실수를 전송하는 명령어이다.

그림 4.3

**프로그램** 실수 -1.23을 D1에 저장하는 프로그램

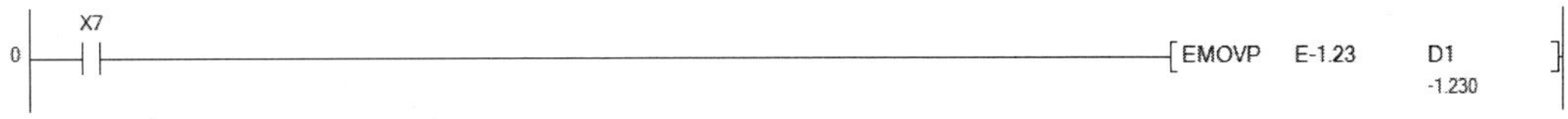


EMOV(P)는 실수 값을 전송하기는 명령어이다. 이때 D1은 더블워드인 32비트가 된다.

## 4.8 비교 연산명령

수 크기를 비교하기 위해 다음과 같은 비교연산자가 있다.

ⓐ 〉 크다
ⓑ 〈 작다
ⓒ 〉= 크거나 같다
ⓓ 〈= 작거나 같다
ⓔ = 같다
ⓕ 〈〉 같지 않다.

상기 연산자는 BIN16비트 데이터 비교이고, 32비트 연산자는 앞에 D를, 실수는 E를 붙인다.

**프로그램①** D1과 D2를 초기화시켜라.

**프로그램②** D1에 10을 저장하라.

D1은 D2보다 크기 때문에 Y20이 On된다.

**프로그램③**

D1은 D2보다 작기 때문에 Y21이 On된다.

## 4.9 산술 연산명령어

산술연산은 이진수 연산과 BCD연산으로 나뉘고, 이진수 연산은 다시 정수연산과 실수연산으로 나뉜다. **계산상에서 주의할 점은 16비트 산술연산은 -32,768~32,767 범위 안에서만 가능**하기 때문에, 이보다 큰 수는 32비트 산술연산을 사용하여야 한다는 점이다. 따라서 결과값을 고려하여 프로그램을 작성하여야 한다.

### 1) 덧셈과 뺄셈

덧셈과 뺄셈의 연산은 ⓢ의 데이터와 ⓓ의 데이터를 연산한 후 결과 값을 다시 ⓓ에 저장한다. **16비트 연산은 +(p), –(p)로 하고, 32 비트 연산은 D+(p), D–(p)로 한다.**

## 프로그램①

## 프로그램②

## 프로그램③

## 프로그램④

## 프로그램⑤

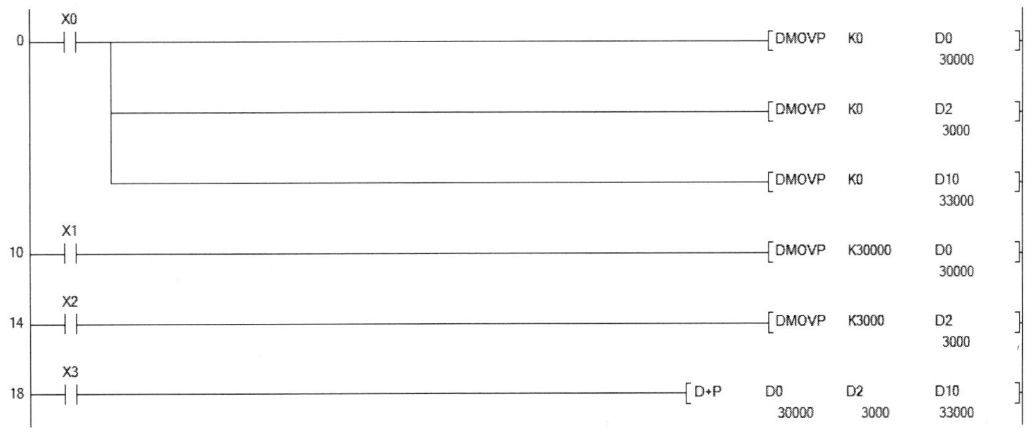


### 프로그램 설명

**프로그램** ①은 D1에 30,000, D2에 3000을 값을 저장하였다. 덧셈연산에서는 ⓢ + ⓓ 한 값을 ⓓ에 저장을 한다. 그런데 이 결과 값을 16비트로 표현할 수가 없기에 이상한 값으로 나온다.

**프로그램** ②는 이를 해결하기 위해 더블 워드를 더하는 D+ 명령어를 사용하였다. 더블 워드는 D1+D2의 메모리를 쓰기에 라인4의 D1과 D2를 더하는 과정에서 D3에 해당하는 값이 있기에, 결과 값이 이상하게 나온다.

**프로그램** ③은 더블 워드 디바이스를 사용하기에 D1과 D2을 D2과 D2로 바꾸고, 모든 데이터를 더블 워드 디바이스인 32비트로 하기 위해서 DMOVP와 D+P로 바꾸어서 해결하였다.

**프로그램** ④는 더하기를 또 실행을 하면 저번 값이 있는 D2에 D0값을 더하기에 원하는 값이 안 나온다.

**프로그램** ⑤는 ⓢ의 데이터와 ⓓ의 데이터를 연산한 후 결과 값을 다시 ⓓ에 저장하는 명령어가 아닌 S1과 S2를 더한 것을 D에 저장하는 [D+P S1 S2 D]를 사용하여 해결하였다.

> **▶Tip**
>
> 덧셈과 뺄셈의 연산 결과가 언더플로나 오버플로가 발생해도 캐리 플러그가 On되지 않는다.

## 2) 곱셈

곱셈연산은 16비트 크기의 데이터와 16비트 크기의 데이터를 곱하여 32비트 크기의 데이터 레지스터에 저장되기에, 결과 값을 지정된 레지스터와 다음 번지의 레지스터가 사용된다.

따라서 다음 번지의 레지스터를 다른 용도로 사용하면 안 된다. 연산에러가 되면 에러 플래그(SM0)이 On되어서 에러코드 4100가 SD0에 저장된다.

**프로그램①**

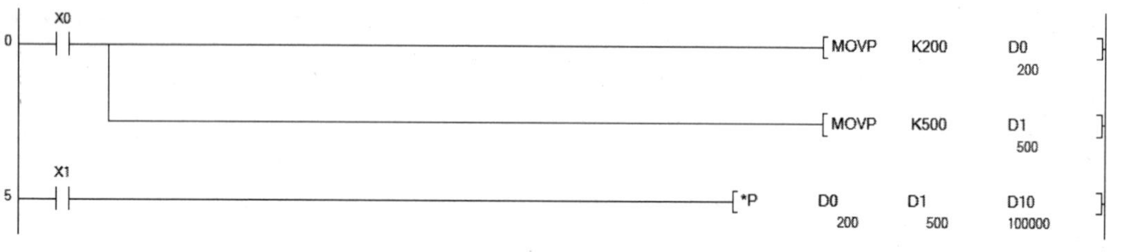


**프로그램②**

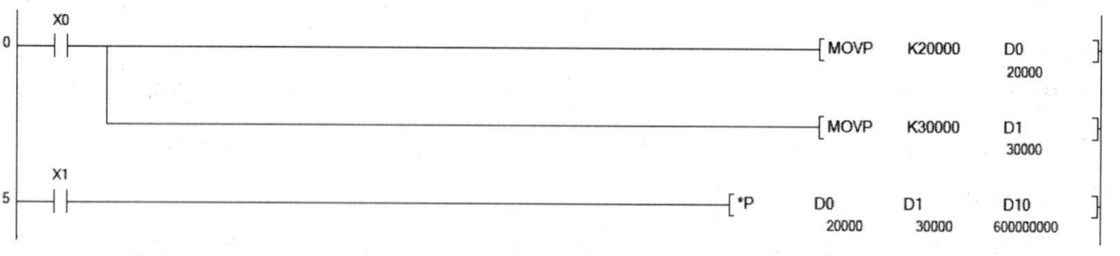


**프로그램 설명**

연산결과가 32비트에 저장이 되기에 20,000 * 30,000의 연산이 가능한 것이다. 이때 연산결과는 D10과 D11에 저장됨을 기억하여야 한다.

### 3) 나눗셈

나눗셈 연산도 곱셈처럼 결과 값 저장에 지정된 레지스터와 다음 번지의 레지스터가 사용된다. 차이점은 지정된 번지에는 몫이 저장되고, 다음 번지 레지스터에는 나머지가 저장이 된다는 점이다. 연산에러가 되면 에러 플래그(SM0)이 On되어서 에러코드 4100가 SD0에 저장된다.

**프로그램**

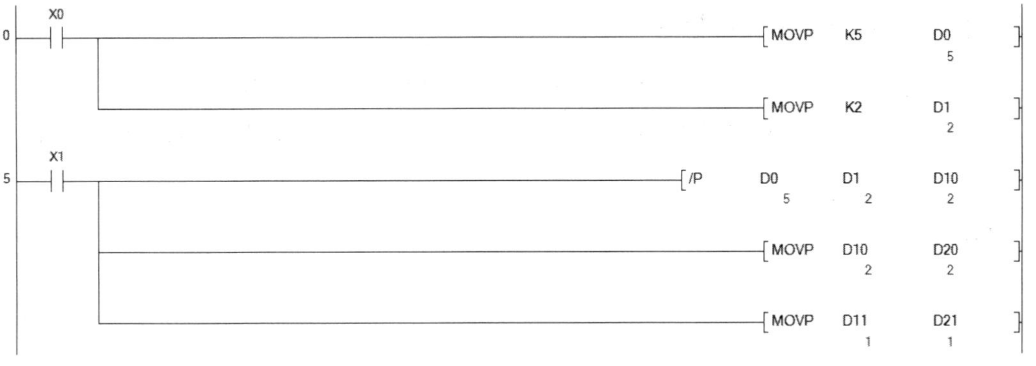


프로그램 설명

D10에는 몫인 2가 저장되고 다음 번지인 D11에는 나머지가 저장됨을 알 수 있다.

## (4) 실수 산술연산

32비트 부동소수형 실수로 산술연산이 가능하지만, 본 교재에서 생략하였다.

## 4.10 데이터 변환명령어

데이터 변환명령어에는 이진데이터와 BCD, 16 또는 32비트 데이터와 부동소수점, 16비트 데이터와 32비트 데이터, 16 또는 32비트 데이터와 그레이 코드 등이 있다. 본 교재에서는 대표적인 이진데이터와 BCD 변환에 대하여 설명하겠다.

### 1) 이진 데이터를 BCD로 변환

ⓢ로 저장된 수를 BCD로 변환해서 ⓓ로 지정된 디바이스에 저장된다.

연산에러가 되면 에러 플래그(SM0)이 On되어서 에러 코드 4100가 SD0에 저장이 된다.

**프로그램**

**프로그램 설명**

Y20의 램프로 출력된 수는 0001 0010 0011 0100으로 BCD값으로 1234가 되는 것이다.

### 2) BCD를 이진 데이터로 변환

명령어 BIN은 ⓢ로 지정된 디바이스의 BCD 데이터(0 ~ 9999)를 BIN으로 변환하여 ⓓ 지정된 디바이스에 저장하고, 명령어 DBIN은 ⓢ로 지정된 디바이스의 BCD 데이터(0 ~ 99999999)를 BIN으로 변환하여 ⓓ로 지정된 디바이스에 저장한다.

**프로그램①**

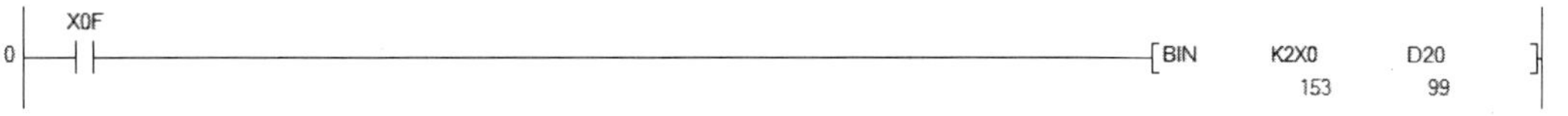


**프로그램②**

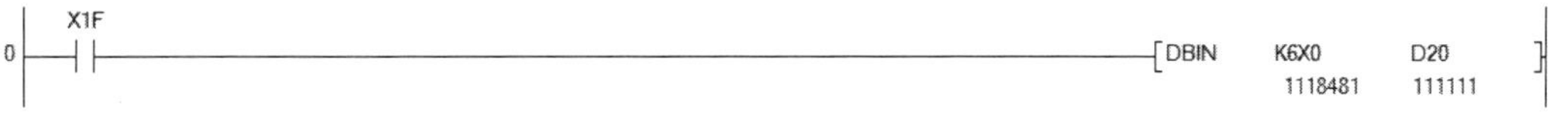


프로그램 설명

ⓢ가 K2X0이므로 X0~X7의 8비트로 BCD 값을 받아서 ⓓ인 D20에 저장을 한다. 프로그램에서는 1001 1001이므로 BCD값은 99이고, D20에 99값이 저장됨을 알 수 있다. 153은 이진 1001 1001를 10진수로 변화시킨 값이다.

프로그램 ②는 K3Y0으로 BCD 0~999999까지 가능하다. 프로그램에선 0001 0001 0001 0001인 BCD 111111을 입력한 값이다.

# 4.11 프로그램 분기명령어

## 1) 포인터 분기 명령

분기 명령어에는 CJ, SCJ, JMP가 있다.

CJ와 SCJ은 동일 프로그램 파일 내에 있는 지정된 포인터 번호의 프로그램으로 점프하여 실행을 한다. CJ와 SCJ의 차이점은 실행지령 On시 SCJ는 다음 스캔의 프로그램을 실행하는 것이다.

JMP는 무조건, 동일 프로그램 파일 내에 있는 지정된 포인터번호의 프로그램을 실행한다. 즉, CJ는 점프를 선택할 수가 있지만, JMP는 무조건 지정된 포인터로 점프를 한다.

### 2) END로 점프

〈END로 점프〉 명령어인 GOEND는 동일프로그램 파일 내의 FEND 또는 END 명령으로 점프하게 한다.

## 4.12 타이머 명령 (OUT T, OUTH T)

타이머는 PLC 내의 1ms, 10ms, 100ms 등의 클럭 펄스를 가산 계수하여 설정 값에 도달했을 때 출력 접점이 On되는 기능을 가지고 있다. 즉 타이머는 가산 방식으로 타이머의 코일이 On하면 계측이 시작되고, 현재 값이 설정 값이 되었을 때 타이머의 접점은 On되며 타이머의 동작은 중지된다. 이들 타이머는 코일이 Off되었을 때 현재 값이 "0"이 되는 일반 타이머와 현재 값이 유지되는 적산 타이머로 구분되고, 다시 저속과 고속 타이머로 구분이 된다. 따라서 **타이머에는 저속 타이머와 고속 타이머가 있고, 저속 적산 타이머와 고속 적산 타이머가 있다.**

저속 타이머는 1ms ~ 1000ms 사이가 설정범위이며, 디폴트는 100ms이다. 고속 타이머는 0.01ms ~ 100ms 사이가 설정범위이며, 디폴트는 10ms이다. 타이머에 사용하는 클럭 펄스의 주기는 사용자가 설정할 수 있다. 프로젝트→파라미터→PLC 파라미터를 클릭하면 파라미터 설정할 수 있는 창이 나오는데, PLC 시스템 설정을 선택하면 클럭 펄스의 주기를 설정 가능하다.

아래 그림은 타이머의 디폴트 클럭(저속 타이머 : 100ms, 고속 타이머 : 10ms)으로 된 화면이다.

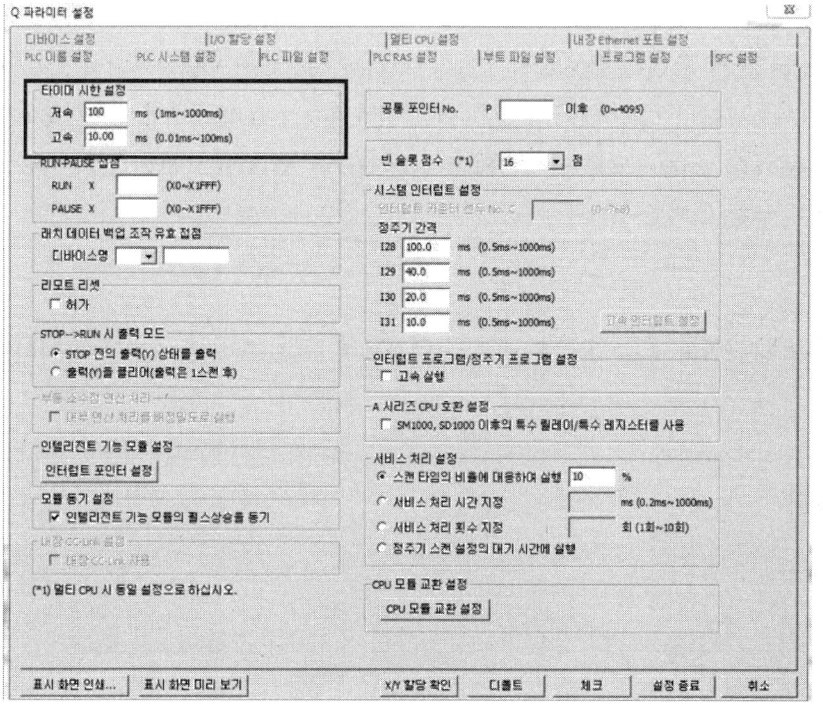


**그림 4.4**

① 저속 타이머와 고속 타이머

저속 타이머는 1ms ~ 1000ms 사이가 설정범위이며, 디폴트는 100ms이고, 고속 타이머는 0.01ms ~ 100ms 사이가 설정범위이며, 디폴트는 10ms이다. 저속 타이머와 고속 타이머를 구분하기 위하여 고속 타이머는 타이머 앞에 H를 붙인다.

**예제**1) 저속 타이머와 고속 타이머를 사용하여 10초 후에 작용하는 타이머를 만들어라.

### 프로그램

### 프로그램 설명

저속 타이머 T0는 클럭이 디폴트인 100ms로 되어 있으므로 100펄스이면 10s가 된다. 고속 타이머 T1는 클럭이 디폴트인 10ms로 되어 있으므로 1000펄스이면 10s가 된다. 저속 타이머의 코일은 (T0 k100), 고속 타이머의 코일은 (H T1 K1000)로 하면 된다. 여기서 100과 1000은 펄스 수를 의미한다.

**예제**2) 고속 타이머의 펄스 클럭을 1ms로 변경하여 10초 후에 동작하는 타이머를 만드시오.

### 프로그램

### 프로그램 설명

프로그램 실행하기 전에 파라미터 창에서 고속 펄스 클럭을 1ms로 변경한다.

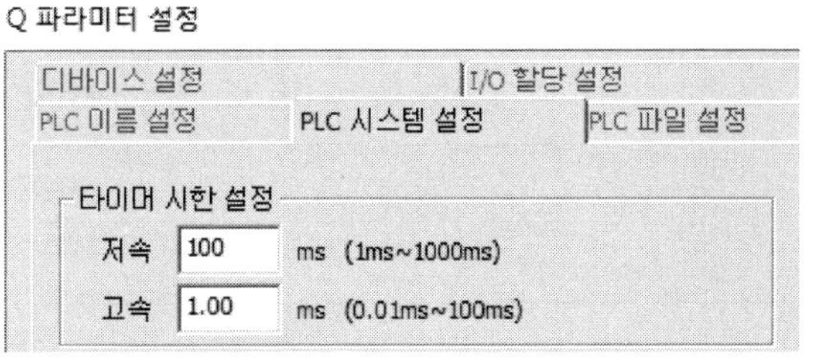


이와 같이 타이머 설정 값을 바꾸면, **PLC CPU로 보낼 때 파라미터와 프로그램을 선택하는 것이 아니라 모두를 선택하여 보내야만 적용된다.** 그렇게 되면, 다음 프로그램에서 고속은 10초가 되면 On된다.

② 일반 타이머와 적산 타이머

적산 타이머는 일반 타이머와는 달리 입력 접점이 On되는 시간을 누적하여 설정시간이 되면 On하는 타이머이다. 따라서 적산 타이머는 적산된 현재 값의 클리어가 요구된다. 적산 타이머를 사용하기 위해선 PLC 파라미터의 디바이스 항목에서 적산 타이머 사용을 위한 메모리가 할당되어야 한다.

아래 그림은 타이머의 디바이스 점수를 2K에서 1K로 변경하고, 적산 타이머의 디바이스 점수를 0K에서 1K로 변경한 후의 화면이다.

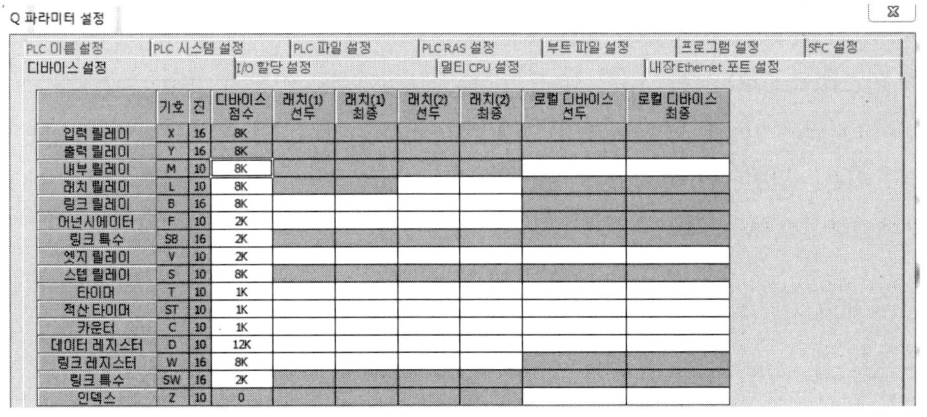


| | 기호 | 진 | 디바이스 점수 | 래치(1) 선두 | 래치(1) 최종 | 래치(2) 선두 | 래치(2) 최종 | 로컬 디바이스 선두 | 로컬 디바이스 최종 |
|---|---|---|---|---|---|---|---|---|---|
| 입력 릴레이 | X | 16 | 8K | | | | | | |
| 출력 릴레이 | Y | 16 | 8K | | | | | | |
| 내부 릴레이 | M | 10 | 8K | | | | | | |
| 래치 릴레이 | L | 10 | 8K | | | | | | |
| 링크 릴레이 | B | 16 | 8K | | | | | | |
| 어넌시에이터 | F | 10 | 2K | | | | | | |
| 링크 특수 | SB | 16 | 2K | | | | | | |
| 엣지 릴레이 | V | 10 | 2K | | | | | | |
| 스텝 릴레이 | S | 10 | 8K | | | | | | |
| 타이머 | T | 10 | 1K | | | | | | |
| 적산 타이머 | ST | 10 | 1K | | | | | | |
| 카운터 | C | 10 | 1K | | | | | | |
| 데이터 레지스터 | D | 10 | 12K | | | | | | |
| 링크 레지스터 | W | 16 | 8K | | | | | | |
| 링크 특수 | SW | 16 | 2K | | | | | | |
| 인덱스 | Z | 10 | 0 | | | | | | |

**예제3)** 10초 후에 동작하는 적산 타이머와 일반 타이머를 비교하시오.

**프로그램**

**프로그램 설명**

적산 타이머는 일반 타이머와는 달리 일력 신호가 없어도 현재 값이 유지가 된다. 또한 입력 신호가 On 되는 시간이 누적됨을 알 수 있다. 그래서 적산 타이머 ST0의 현재 시간을 클리어 시킬 수 있게 프로그램을 작성하여야 한다.

③ On지연 타이머

멜섹 PLC의 타이머는 PLC 내의 클럭 펄스를 가산 계수하여 설정 값에 도달했을 때 출력 접점이 On되는 기능을 가지고 있다. 따라서 On지연 타이머를 프로그램하기 쉽다. 타이머의 기본 단위(디폴트 펄스 클럭)는 100ms이므로 10을 설정 값으로 하면 100ms×10=1000ms=1s로 설정된다.

**예제4)** 접점을 On하면 5초에 On되는 타이머를 만드시오.

**프로그램**

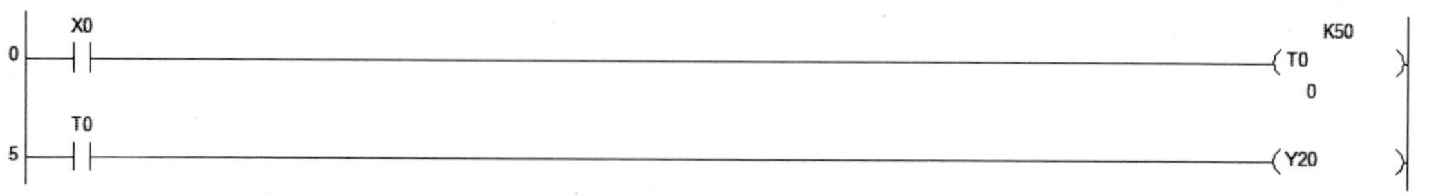

### 프로그램 설명

타이머의 기본 단위가 100ms이므로 설정 값을 50으로 하면 5초가 된다. 이 프로그램에서 X0을 5초간 누르고 있어야 설정시간 전에 Off되고, 현재 값이 0으로 된다. 또한 자기유지 회로를 만들기 위해선 별도의 릴레이가 필요하다.

④ Off지연 타이머

Off 지연 타이머는 On지연 타이머를 응용하여 만들어야 한다.

**프로그램①**

**프로그램②**

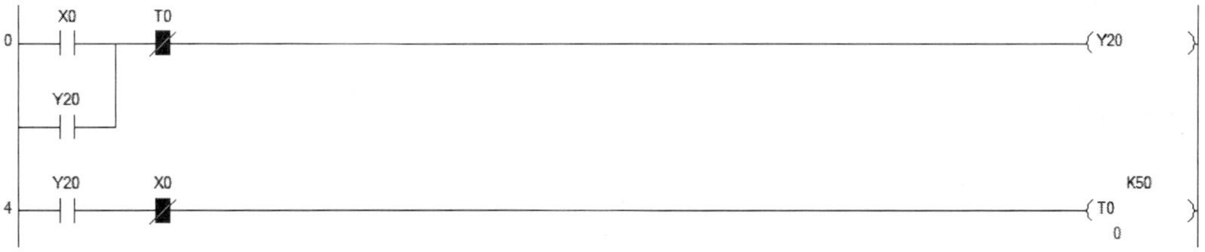


### 프로그램 설명

접점 X0을 On하면 자기유지가 되고, X0을 Off하여도 M0은 자기유지가 되어있기 때문에 설정시간까지 T0 타이머가 유지된다. T0 타이머가 On되면서 B접점 T0을 끊어주기 때문에, 설정시간까지 접점 X0가 Off할 때부터 설정시간만큼 On이 유지되어서 Off 지연 타이머가 된다.

**예제5)** 일정 시간 On과 Off를 반복하는 Flicker회로를 만드시오.

**프로그램**

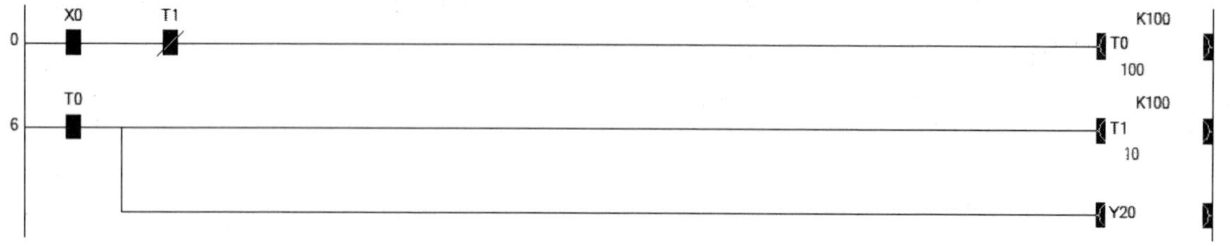


프로그램 설명

T0 타이머가 10초 후에 On되면, T1 타이머를 시작시킨다. T1 타이머가 10초 후에 On 되면서, T0를 Off시키면서, 6번의 T0가 Off되니 바로 Y1도 Off 된다. T0가 지면되는 시간 동안은 Y20이 Off되어 있지만, T0 타이머가 On 지면 후에 출력되면 Y20이 On된다. 그러나 그때 T1 타이머가 On지면을 시작하면서 설정시간이 되면 T0 타이머를 Off시킨다. T1 타이머는 지연시간 후 On되자마자 T0이 Off되기에 바로 Off된다. 그래서 출력 Y20이 일정시간 On되고, 일정시간 Off되는 플립플롭 회로가 된다.

**예제** 일정시간 On 되는 회로를 만드시오.

**프로그램**

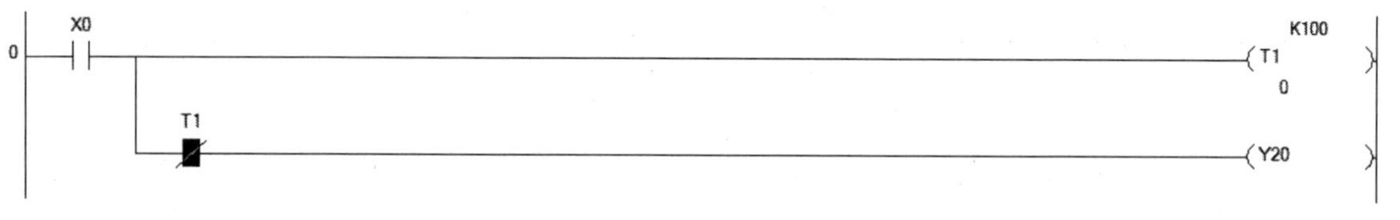


프로그램 설명

X0가 On 되면서 Y20이 On된다. 그러나 동시에 T1 타이머를 On 지연 지키기에, 10초 동안 지연 되었다가 출력되면서 Y20을 Off시킨다.

**예제6)** 빔 프로젝트 같이 신호가 Off되었을 때부터 일정시간 On되었다가 Off되는 회로를 만드시오.

**프로그램**

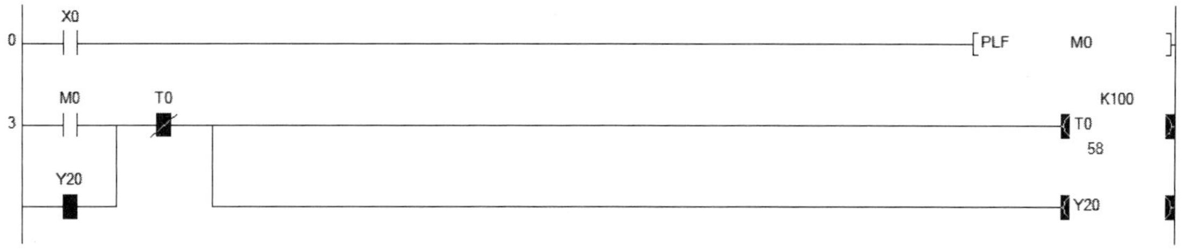


프로그램 설명

이때 자기유지가 되어서 On되지만 일정시간 되면 Off된다.

**예제7)** 순간 입력 On되고 10초 후에 Off되는 회로를 만드시오.

**프로그램**

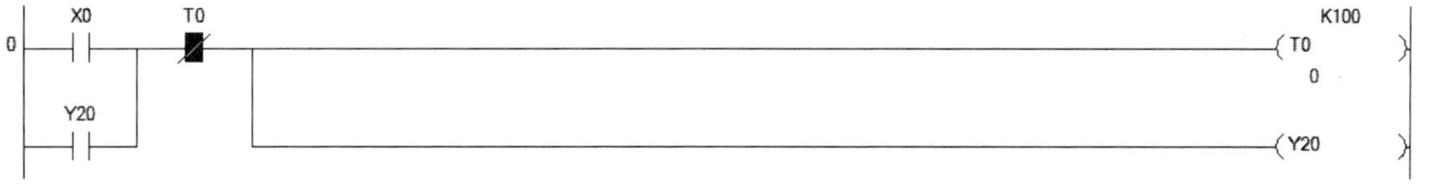


프로그램 설명

입력신로가 연속 입력인 On지연 타이머는 간단하다. 그러나 순간 입력인 경우에는 자기유지를 시켜야 한다.

**예제8)** 채터링 입력방지를 위해 2초 이상의 On신호가 있어야 하는 회로를 만드시오.

**프로그램**

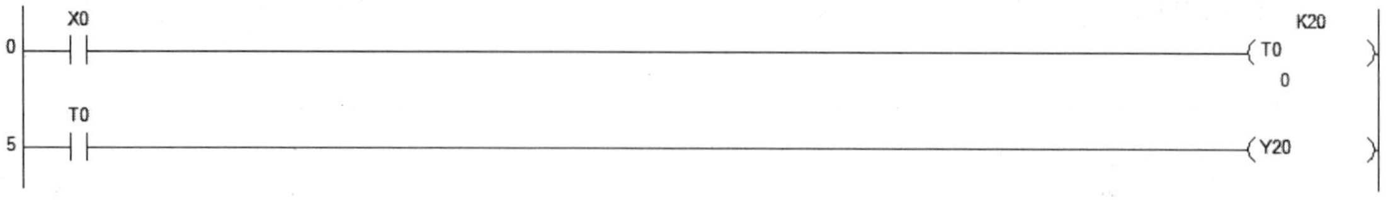


## 4.13 카운터 명령 (OUT C)

카운터는 On되는 입력 신호를 계수하는 디바이스이다. On된 카운터의 현재 값을 초기화 시키기 위해서는 리셋 명령이 요구된다.

**프로그램**

입력 신호가 설정 값 이상 신호가 들어와도 그 이상 올라가지 않는다. On된 카운터를 리셋시키기 위해서는 접점 X1을 On시켜야 한다. 카운트 중인 현재 값도 리셋되면 0으로 초기화된다.

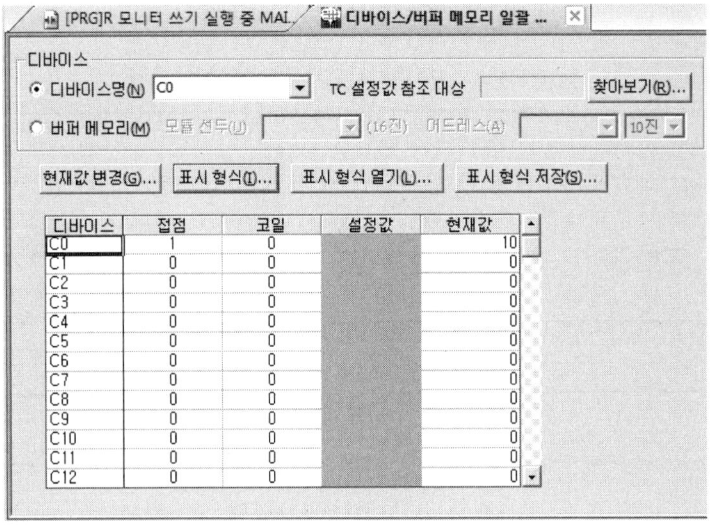


**예제**1) 가감산 카운터를 만들어라.

## 프로그램①

**프로그램②**

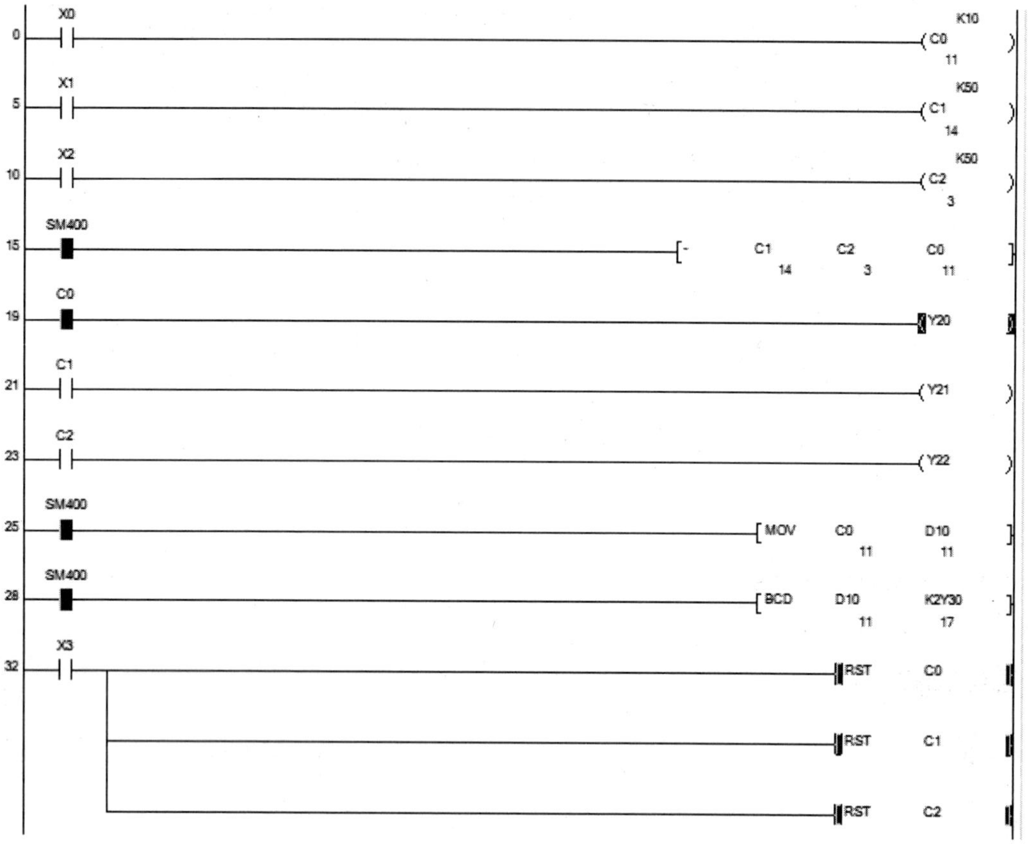
0 X0 K10 C0 11
5 X1 K50 C1 14
10 X2 K50 C2 3
15 SM400 - C1 14 C2 3 C0 11
19 C0 Y20
21 C1 Y21
23 C2 Y22
25 SM400 MOV C0 11 D10 11
28 SM400 BCD D10 11 K2Y30 17
32 X3 RST C0
RST C1
RST C2

**프로그램③**

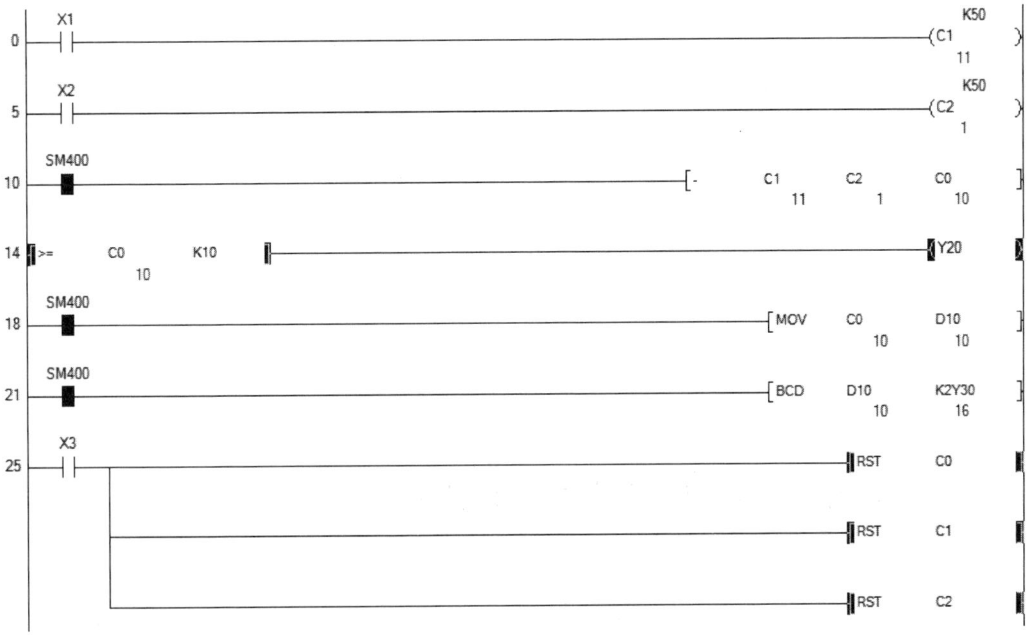


**프로그램 ①에서는 접점 SM400은 항시 On이기 때문에 빼기 연산자에서 -p로 하면 안 된다.** 프로그램 ②에서는 X1을 On하면 가산이 되고, X2을 On하면 감산이 되는 것을 알 수가 있다. 스텝 25-27에서는 카운터 값을 D10에 저장을 하고, 스텝 28-31에서 현재 값이 BCD로 출력됨을 알 수 있다. 그러나 계수 값이 10이 되어도 C0의 접점이 Off되어 있기에 출력이 안되는 것을 알 수 있다. 프로그램 ③에서는 출력이 안되는 문제를 10 이상이면 출력되게 하는 비교문을 사용하여 해결하였다.

## 4.14 세트와 리셋 명령어 (SET, RST)

OUT 명령의 실행 지령이 On되면 비트 디바이스는 On된다.
On된 디바이스는 실행지령이 OFF되어도 ON 상태를 유지한다.
SET 명령으로 On된 디바이스는 RST 명령으로만 OFF할 수 있다.

**프로그램**

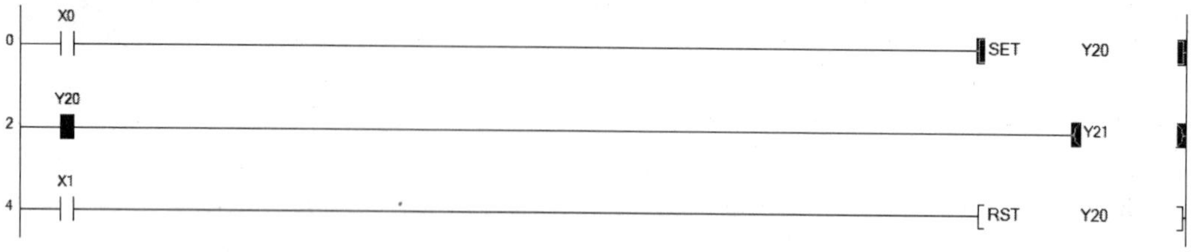


프로그램 설명

Y20이 세트되었기에 3라인의 리셋 되기 전에는 계속 On되고 있는 것이다.

## 4.15 시프트 명령어 (SFT, SFTP)

시프트할 선두의 디바이스는 SET 명령으로 On하여야 한다. 연속으로 SFT, SFTP를 할 경우는 번호가 큰 디바이스부터 프로그램을 작성해야 한다.

SET 명령으로 On된 비트가 몇 개 있으면 같이 이동을 한다.

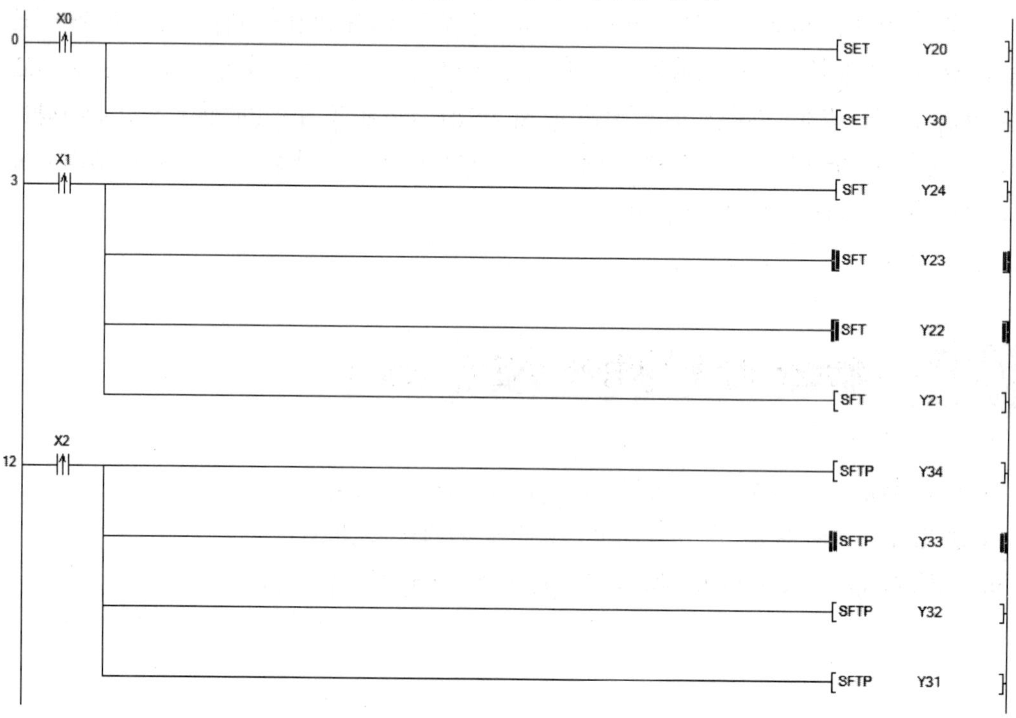

# 4.16 마스터 컨트롤 명령어 (MC, MCR)

마스터 컨트롤 명령은 래더 프로그램의 공통 모선을 개폐함으로써, 효율적으로 래더 프로그램을 전환하는 경우에 사용하는 명령이다.

마스터 컨트롤 시작명령으로, MC 명령의 실행지령이 ON되면 MC 명령에서 MCR 명령 사이의 연산 결과는 래더 프로그램 그대로 유지된다. MCR 명령이 1곳에 모여 있는 네스트 구조로 되어있을 때는, 가장 작은 네스팅(N) 번호 1개를 사용하여 모든 마스터 컨트롤을 종료시킬 수 있다.

마스터 컨트롤 명령은 네스트 구조로 하여 사용할 수 있다. 각각의 마스터 컨트롤 구간은 네스팅(N)으로 구별한다. 네스팅은 N0 ~ N14까지 사용할 수 있다.

이렇게 네스트 구조를 사용함으로써, 프로그램의 실행 조건을 순차적으로 진행되는 프로그램을 작성할 수 있다.

# Chapter 5
# 프로그램 실습

## 기본실습 1 입력 및 출력 접점 할당

슬롯에 16점, 32점, 64점이 장착에 따른 입출력 변수표현 및 코멘트 표시

슬롯 0번에 입력모듈 64점과 슬롯 1번에 출력모듈 32점을 장착하였기 때문에 슬롯 0번에는 입력접점 X0 ~ X3F(X00 ~ X3F)가 슬롯 1번에는 출력접점 Y40 ~ Y5F가 할당된다.

### 프로그램

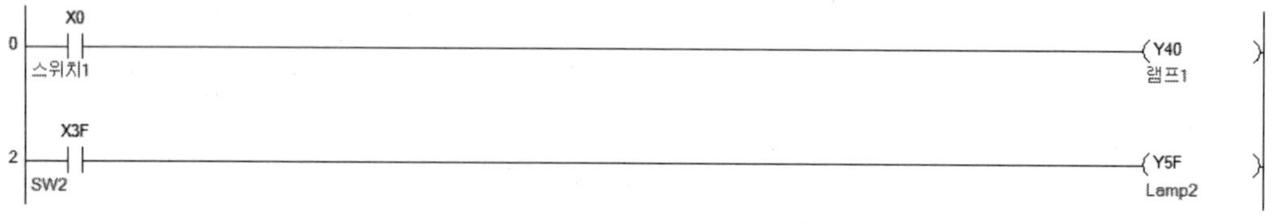


### 프로그램 설명

① 슬롯 0번에 입력모듈 64점과 슬롯 1번에 출력모듈 32점을 장착한 시스템이라면, 입력접점 X0 ~ X3F(X00 ~ X3F)이 되고 출력접점은 Y40 ~ Y5F이 된다.

② 코멘트는 표시→디바이스 코멘트 표시 형식을 선택하면 아래 화면이 나온다. 여기서 행수를 1로 하고 디바이스 코멘트를 체크해주면 된다. 접점에 코멘트를 삽입할 때는 다음 그림인 래더 입력에서 두번째 항목을 활성화하면 된다.

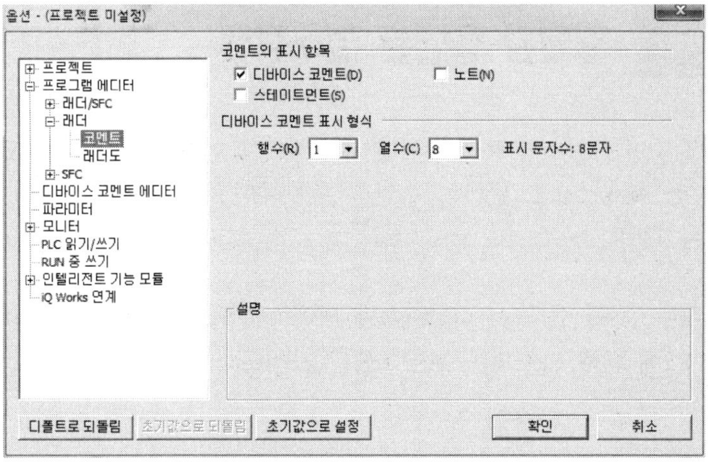
옵션 - (프로젝트 미설정)
프로젝트
프로그램 에디터
래더/SFC
래더
코멘트
래더도
SFC
디바이스 코멘트 에디터
파라미터
모니터
PLC 읽기/쓰기
RUN 중 쓰기
인텔리전트 기능 모듈
iQ Works 연계
코멘트의 표시 항목
디바이스 코멘트(D)
노트(N)
스테이트먼트(S)
디바이스 코멘트 표시 형식
행수(R) 1
열수(C) 8
표시 문자수: 8문자
설명
디폴트로 되돌림
초기값으로 되돌림
초기값으로 설정
확인
취소

래더 입력
X0
확인
취소
도움말

## 기본실습 2　양변환 음변환 펄스접점

① 누름검출이 0에서 1로 변하는 순간을 검출하여 1스캔동안 ON됨을 확인
② 복귀검출이 1에서 0으로 변하는 순간을 검출하여 1스캔동안 ON됨을 확인

누름검출에 의해 ON된 램프1은 소등SW1에 의해 OFF되고, 복귀검출에 의해 ON된 램프2은 소등SW2에 의해 OFF되는 프로그램을 작성하여라.

### 프로그램

### 프로그램 설명

① 버튼1은 Off에서 On시킬 때 램프1가 On되며, 버튼2는 On에서 Off시킬 때 램프2가 On됨을 알 수 있다.

② 이들 신호는 한 스캔만 On되기 때문에 자기유지 회로로 출력결과를 유지시켰다.

## 기본실습 3 AND 및 OR 접점

AND와 OR 그리고 AND 블록과 AND 블록에 따른 동작을 확인한다.

X1과 X2는 AND 조건 그리고 X3과 X4는 OR 조건으로 구성하고, X5과 X6 그리고 X7과 X8은 OR 블록 조건, X9과 XA 그리고 XB과 XC는 AND 블록 조건으로 구성하여 결과를 비교하여라.

### 프로그램

### 프로그램 설명

① OR 블록에서는 한 블록만 On이 되면 된다.

② AND 블록에서는 블록을 이루는 신호 중에서 각각 하나만 On되면 출력이 On된다.

## 기본실습 4 펄스상승(PLS) 및 하강출력(PLF)

펄스상승 출력명령인 PLS와 펄스하강 출력명령인 PLF 기능을 파악한다.

펄스상승 출력명령은 Off에서 On되고 펄스하강 출력명령은 On에서 Off될 때 한 스캔 동안 On됨을 보여라.

### 프로그램

### 프로그램 설명

① X0가 On에서 Off 될 때는 펄스상승 출력명령인 PLS가 한 스캔 On되면서 자기유지에 의해 Y20이 On됨을 알 수 있다.

② X0가 On에서 On에서 Off될 때는 On이 안됨을 알 수 있다.

③ 펄스하강 출력명령인 PLF는 실행 지령은 이와는 반대로 ON에서 OFF될 때 지정디바이스를 1스캔 ON함을 알 수 있다.

# 기본실습 5 데이터 전송 명령

MOV는 워드(16비트) 전송명령어로 16비트 데이터를 전송하고, DMOV는 더블워드(32비트)를 전송하는 명령어이다. MOVP는 한 펄스만 전송한다는 의미이다.

상수와 외부접점 그리고 16비트로 표현범위를 벗어난 상수를 전송하는 프로그램을 작성하여라. 그리고 이들 메모리를 초기화하는 프로그램을 작성하여라.

## 프로그램

### 프로그램 설명

① 스텝 8 라인에서 X1은 상수 값을 전송하기 위해 상수 앞에 K를 붙였다.

② 스텝 15 라인에서 70,000을 MOV로 전소하려 하면, 16비트에 저장할 수 없는 수이기에 32비트에 저장할 수 있는 DMOV로 처리를 하였다.

③ 스텝 11 라인에서 K1X10은 X10을 선두로 하는 4개의 접점을 의미한다.

④ K1X10의 4개의 접점 모두를 On시키면 15가 되는데, '1111'인 'f'를 십진수로 표현한 값이다. 이는 BCD값이 아니므로 BCD로 값을 나타내려면 형 변환을 하여야 한다.

⑤ 이미 메모리에 기록이 되면 '0'으로 초기화를 해야 한다.

⑥ 초기화할 때, D2를 DMOV를 사용하지 않으면 이상한 값이 나오는데, D2는 DMOV로 값을 주었기 때문이다.

# 기본실습 6 비교 명령어

수 크기를 비교하기 위해 다음과 같은 비교연산자가 있다.

| | | | |
|---|---|---|---|
| ⓐ 〉 | 크다 | ⓓ 〈= | 작거나 같다 |
| ⓑ 〈 | 작다 | ⓔ = | 같다 |
| ⓒ 〉= | 크거나 같다 | ⓕ 〈〉 | 같지 않다. |

상기 연산자는 BIN16비트 데이터 비교이고, 32비트 연산자는 앞에 D를, 실수는 E를 붙인다.

비교 명령어를 사용하여 프로그램을 작성하여라.

## 프로그램

### 프로그램 설명

① D1과 D2의 데이터 값은 처음에 초기화를 시켜 '0'으로 해야 한다.
② 스텝11 라인에서는 D1과 D2의 데이터 값을 비교한다.
③ 스텝19 라인에서는 데이터 값과 상수를 비교한다.
④ 스텝19 라인에서는 X4가 On되어야 비교문이 실행된다.

## 기본실습 7 데이터가 A보다 크고 B보다 작은 값의 판별

데이터 값이 어떤 값과 비교하는 것은 비교명령을 사용하면 된다. 그러나 어떤 값(A)과 어떤 값(B) 사이인 경우가 많이 쓰인다. 이런 경우를 A보다 큰 조건과 B보다 작은 조건이 AND 조건을 만족하면 사이값이 된다.

데이터가 50과 70사이에서 램프가 켜지는 프로그램을 작성하여라.

### 프로그램

### 프로그램 설명

① 스텝3 라인에서 D0 값을 준다.

② 스텝3 라인에서 D0 값은 외부의 계측 값을 AD변환을 통해 변환된 값으로 대신 할 수가 있다.

③ 스텝6 라인에서 결과 값을 비트 디바이스인 M1을 사용함으로서 외부 출력 접점을 줄일 수 있다.

④ 사이 값을 구분하기 위해서 50 이상인 결과와 60 이하인 결과를 AND 조건으로 구분하였다.

## 기본실습 8　덧셈 산술연산

덧셈 연산은 ⓢ의 데이터와 ⓓ의 데이터를 연산한 후 결과 값을 다시 ⓓ에 저장한다. 연산은 16비트 싱글워드 디바이스 연산(+)과 32비트 더블워드 디바이스 연산인(D+)가 있는데, 싱글워드 연산은 −32,768~32,767 범위 안에서만 가능하다.

두 수를 더하는 프로그램을 작성하여라.

### 프로그램①

### 프로그램②

### 프로그램③

0 X0 DMOVP K0 D0 30000
DMOVP K0 D2 33000
7 X1 DMOVP K30000 D0 30000
11 X2 DMOVP K3000 D2 33000
15 X3 D+P D0 30000 D2 33000


## 프로그램④

0 X0 DMOVP K0 D0 30000
DMOVP K0 D2 63000
7 X1 DMOVP K30000 D0 30000
11 X2 DMOVP K3000 D2 63000
15 X3 D+P D0 30000 D2 63000


## 프로그램⑤

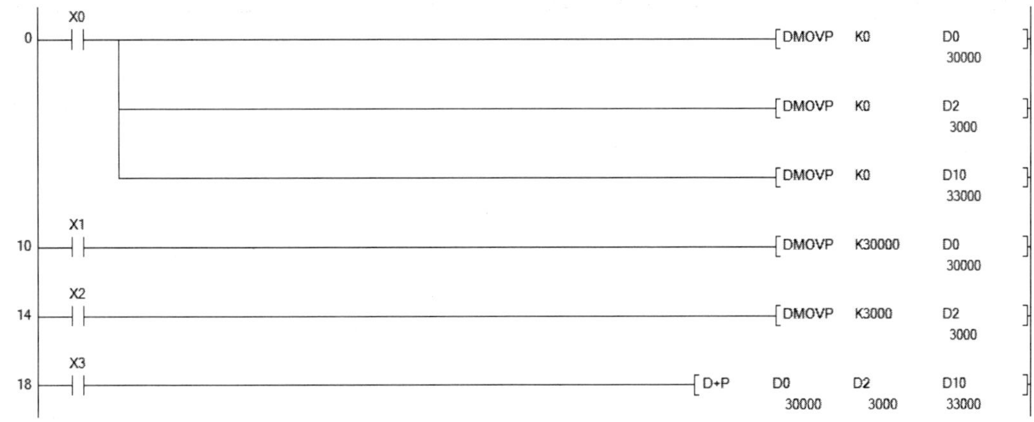

0 X0 DMOVP K0 D0 30000
DMOVP K0 D2 3000
DMOVP K0 D10 33000
10 X1 DMOVP K30000 D0 30000
14 X2 DMOVP K3000 D2 3000
18 X3 D+P D0 30000 D2 3000 D10 33000

### 프로그램 설명

프로그램 ① : 덧셈연산에서는 ⓢ + ⓓ 한 값을 ⓓ에 저장을 한다. 30,000 + 3,000 = 33,000인데, 33,000은 16비트로 표현할 수가 없기 때문에 이상한 값으로 나온다.

프로그램 ② : 이를 해결하기 위해 더블 워드를 더하는 D+ 명령어를 사용하였다. 더블 워드를 처리하는 과정에서, D1을 더블처리하면, D1과 D2에 있는 데이터가 표현되기 때문에 스텝11을 실행시키면, D1이 이상한 값으로 표현된다.

프로그램 ③ : 더블 워드 디바이스를 사용하기 때문에 워드 디바이스를 D1과 D2로 쓰지 않고 D0과 D2로 사용하여 더블워드 처리하는 과정에 문제가 없게 하였다. 또한 모든 데이터를 더블 워드 디바이스로 사용하기 위해서, DMOVP와 D+P로 바꾸어서 해결하였다.

프로그램 ④ : 처음 더하기를 실행할 때는 문제가 되지 않으나, 다시 실행을 하면 저번 값이 있는 D2에 D0값을 더하기 때문에 원하는 값이 나오지 않는다.

프로그램 ⑤ : [D+P S D]는 ⓢ의 데이터와 ⓓ의 데이터를 연산한 후 결과 값을 다시 ⓓ에 저장하기 때문에 프로그램 ④와 같은 문제점이 발생하였다. [D+P S1 S2 D]은 S1과 S2를 더하여 D에 저장하는 명령어이기 때문에 앞의 문제를 해결하였다.

**▶Tip**

덧셈과 뺄셈의 연산결과에 언더플로나 오버플로가 발생해도 캐리 플로그가 On되지 않는다. 따라서 더한 값이 범위를 벗어났을 때는 에러 메시지 없이 틀린 값이 나온다.

## 기본실습 9 뺄셈 산술연산

빽셈의 연산은 ⓢ의 데이터와 ⓓ의 데이터를 연산한 후 결과 값을 다시 ⓓ에 저장한다. 연산은 16비트 싱글워드 디바이스 연산(+)과 32비트 더블워드 디바이스 연산인 (D+)가 있는데, 싱글워드 연산은 −32,768 ~ 32,767 범위 안에서만 가능하다.

두 수를 빼는 프로그램을 작성하여라.

### 프로그램

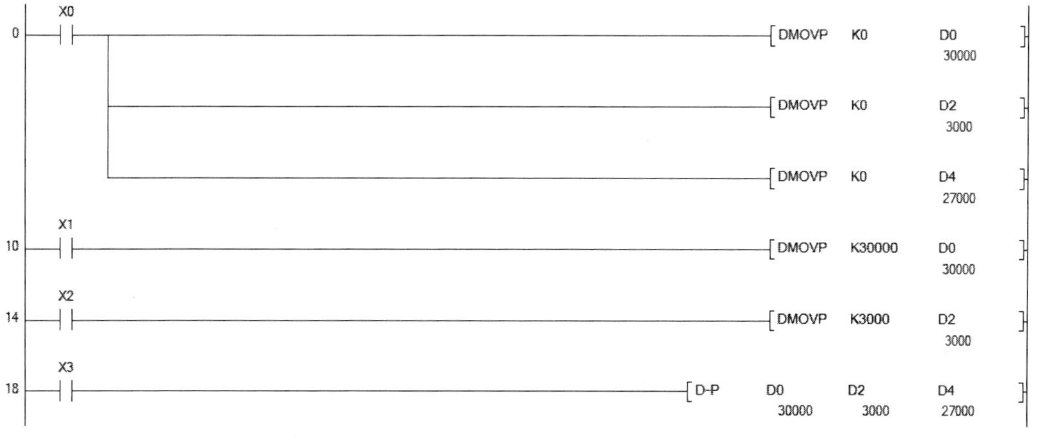

### 프로그램 설명

① 더블 워드 디바이스를 사용하기에 D0과 D1을 쓰지 않고 D0과 D2와 같이 다음 디바이스를 사용하지 않았다.

② 더블워드 연산을 위한 DMOVP와 D-P 명령어를 사용하였다.

③ [D-P S D]는 ⓢ의 데이터와 ⓓ의 데이터를 연산한 후 결과 값을 다시 ⓓ에 저장하기에, [D+P S1 S2 D]를 사용하여 연산결과를 새로운 디바이스인 D에 저장하게 프로그램을 작성하였다.

## 기본실습 10 곱셈 산술연산

곱셈연산은 16비트 크기의 데이터와 16비트 크기의 데이터를 곱하여 32비트 크기의 데이터 레지스터에 저장되기에, 결과 값을 지정된 레지스터와 다음 번지의 레지스터가 사용된다. 따라서 다음 번지의 레지스터를 다른 용도로 사용하면 안 된다. 연산에러가 되면 에러 플래그(SM0)이 On되어서 에러코드 4100가 SD0에 저장이 된다.

두 수를 곱하는 프로그램을 작성하여라.

### 프로그램①

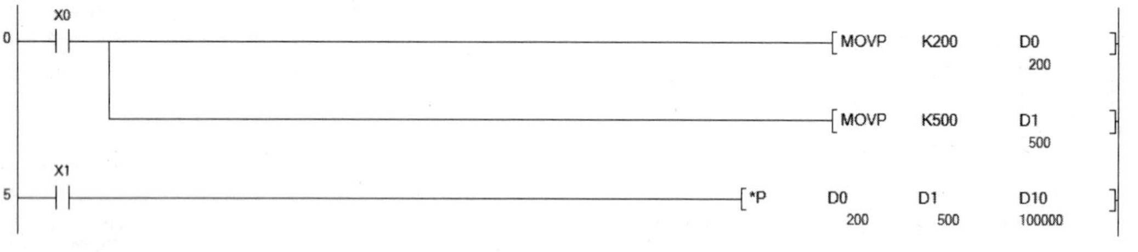


### 프로그램②

### 프로그램 설명

연산결과가 32비트에 저장이 되기에 20,000 * 30,000의 연산이 가능한 것이다. 이때 연산 결과는 D10과 D11에 저장됨을 기억해야 한다.

# 기본실습 11 나눗셈 산술연산

나눗셈 연산도 곱셈처럼 결과 값 저장에 지정된 레지스터와 다음 번지의 레지스터가 사용된다. 차이점은 지정된 번지에는 몫이 저장되고, 다음 번지 레지스터에는 나머지가 저장이 된다는 점이다. 연산에러가 되면 에러 플래그(SM0)이 On되어서 에러 코드 4100가 SD0에 저장이 된다.

두 수를 나누는 프로그램을 작성하여라.

## 프로그램

프로그램 설명

D10에는 몫인 2가 저장되고 다음 번지인 D11에는 나머지가 저장됨을 알 수 있다.

**▶참고**

32비트 부동소수형 실수로 산술연산이 가능하지만, 본 교재에서는 생략하였다.

## 기본실습 12 BCD 출력

[ BCD ⓢ ⓓ ]는 ⓢ로 저장된 수를 BCD로 변환하여서 ⓓ로 지정된 디바이스에 저장된다. 연산에러가 되면 에러 플래그(SM0)이 On되어서 에러코드 4100가 SD0에 저장이 된다.

BIN 데이터를 BCD로 바꿔라.

### 프로그램①

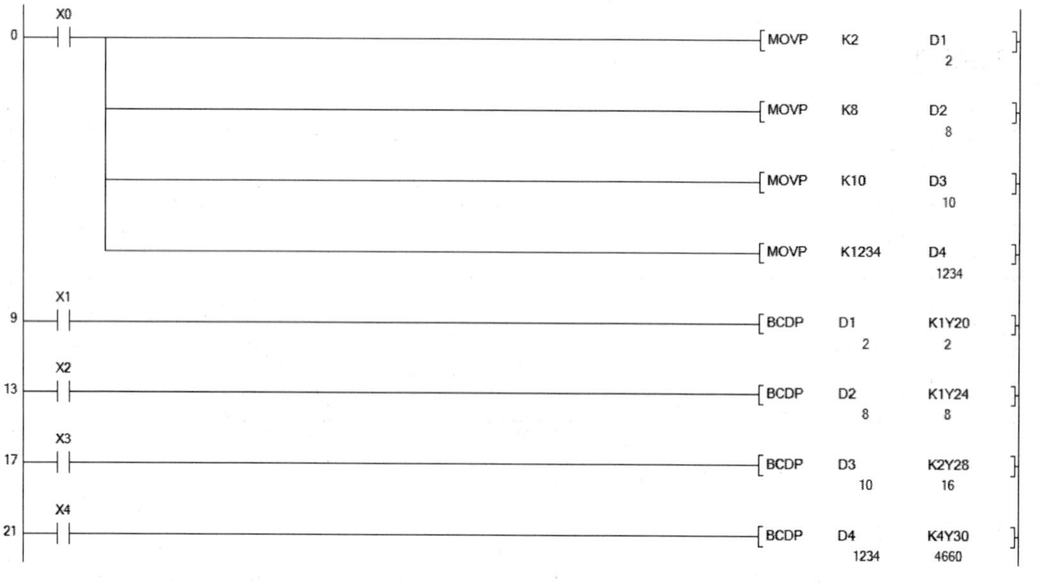

## 프로그램②

### 프로그램 설명

① 프로그램 ①은 결과값을 10진수로 나타낸 것이고, 프로그램 ②는 결과값을 16진수로 나타낸 것이다. 이 기능은 표시 → 현재값 모니터행 표시에서 바꿀 수 있다.

② 스텝9 라인의 K1y20은 출력을 Y20부터 4비트로 출력한 것이다.

③ 스텝13 라인의 K1y24은 출력을 Y24부터 4비트로 출력한 것이다.

④ 스텝17 라인의 K2y28은 출력을 Y20부터 8비트로 출력한 것이다.

⑤ 스텝21 라인의 K4y30은 출력을 Y30부터 4비트로 출력한 것이다.

⑥ 결과 값을 16진수로 표현하면, 십진수가 워드 디바이스에 저장되고, 이들이 출력 접점을 통하여 BCD로 변화되어 출력됨을 알 수 있다.

# 기본실습 13 BCD 입력

명령어 BIN은 ⓢ로 지정된 디바이스의 BCD 데이터(0 ~ 9999)를 BIN으로 변환하여 ⓓ지정된 디바이스에 저장한다.

실수를 BCD형으로 변환시키는 프로그램과 BCD로 입력하면 BCD로 출력되는 프로그램을 작성하여라.

## 프로그램①

## 프로그램②

### 프로그램 설명

① 프로그램 ①은 결과 값을 16진수로 표현하고, 프로그램 ②은 결과값을 BCD로 표현한 것이다.

② 프로그램 ②에서 BCD로 입력을 999(십진수)한 것을 알 수 있고, 프로그램 ①에서 이들의 값이 십진수로 적용된 것을 알 수 있다.

## 기본실습 14 진수변환

BCD명령은 이진코드를 BCD 코드로 변환하는 것이다.
BIN명령은 BCD 코드를 이진코드로 변환하는 것이다.

BCD와 16진수 차이를 설명하여라.

### 1) 16진수에서 10진수로 변환

다음과 같이 16진수 각각의 자리 값을 곱한 다음에 이 값들을 전부 더하면 10진수가 된다. 예를 들어, 16진수 face는 다음과 같이 10진수로 64,206이 된다.

$$\begin{aligned} face_{16} &= 15\times16^3 + 10\times16^2 + 12\times16^1 + 14\times16^0 \\ &= 61,440 + 2,560 + 192 + 14 \\ &= 64,206_{10} \end{aligned}$$

### 2) 10진수에서 16진수로 변환

다음과 같이 10진수를 16으로 계속 나눈 나머지가 2진수의 값을 형성한다. 예를 들어, 10진수 78는 다음과 같이 16진수로 4e가 된다.

$$\frac{78}{16} = 4 \ldots 14(e)$$

$$\frac{4}{16} = 0 \ldots 4$$

––––––––––

16진수 : $4e$

### 3) 16진수에서 2진수로 변환

다음과 같이 16진수의 각 숫자를 2진수로 바꾸면 된다.

$$3f4e_{16} = 0011\ 1111\ 0100\ 1110_2$$

### 4) 2진수에서 16진수로 변환

다음과 같이 2진수를 4비트씩 구분하여 16진수로 변환하면 된다.

$$\begin{aligned} 0011111101001110_2 &= 0011\ \ 1111\ \ 0100\ \ 1110 \\ &= \ \ \ 3 \qquad f \qquad 4 \qquad e \\ &= 3f4e_{16} \end{aligned}$$

**▶참고**

**BCD (Binary Coded for Decimal ; 2진 부호화 10진수)**

BCD는 10진수의 일의 자리, 십의 자리, 백의 자리 등 10진수의 숫자 각각을 서로 다르게 4비트의 2진수로 변경하여 표시한 것이다. BCD의 한 자릿수는 0에서 9까지로 구성되기에 2진수는 0000에서 1001까지로 각 숫자를 나타낸다.

## 기본실습 15 일반 타이머 클럭 설정

타이머는 PLC 내의 1ms, 10ms, 100ms 등의 클럭 펄스를 가산 계수하여 설정 값에 도달했을 때 출력 접점이 On되는 기능을 가지고 있다. 즉 타이머는 가산 방식으로 타이머의 코일이 On하면 계측이 시작되고, 현재 값이 설정 값이 되었을 때 타이머의 접점은 On되며 타이머의 동작은 중지된다. 이들 타이머는 코일이 Off되었을 때 현재 값이 "0"이 되는 일반 타이머와 현재 값이 유지되는 적산 타이머로 구분되고, 다시 저속과 고속 타이머로 구분된다. 따라서 **타이머에는 저속 타이머와 고속 타이머가 있고, 저속 적산 타이머와 고속 적산 타이머가 있다.**

저속 타이머는 1ms ~ 1000ms 사이가 설정범위이며, 디폴트는 100ms이다. 고속 타이머는 0.01ms ~ 100ms 사이가 설정범위이며, 디폴트는 10ms이다. 타이머에 사용하는 클럭 펄스의 주기는 사용자가 설정할 수 있는데, 이는 프로젝트 → 파라미터 → PLC 파라미터를 클릭하면 나오는 파라미터 설정 창에서 PLC 시스템 설정을 선택하면 클럭 펄스의 주기를 설정할 수 있다.

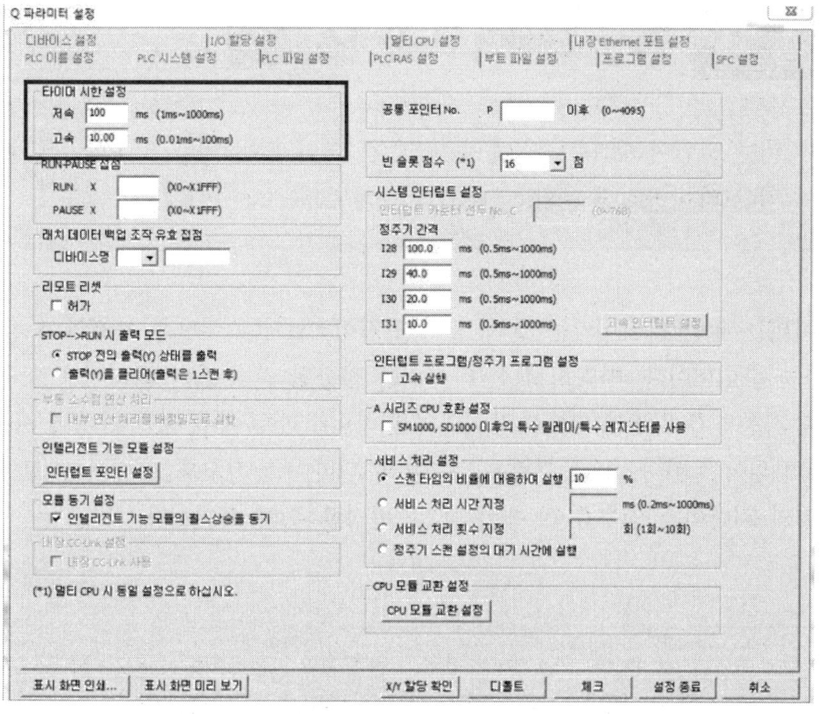

① 프로그램 실행하기 전에 파라미터 창에서 저속이나 고속 펄스 클럭을 변경한다.

② 프로그램을 PLC로 송신할 때, 파라미터와 프로그램을 선택하는 것이 아니라 모두를 선택하여 보내야만 적용된다.

# 기본실습 16 적산 타이머 디바이스 설정

이들 타이머는 코일이 Off되었을 때 현재 값이 "0"이 되는 일반 타이머와 현재 값이 유지되는 적산 타이머로 구분되고, 다시 저속과 고속 타이머로 구분된다.

적산 타이머는 일반 타이머와는 달리 입력 접점이 On되는 시간을 누적하여 설정시간이 되면 On 하는 타이머이다. 따라서 적산 타이머는 적산된 현재 값의 클리어가 요구된다. 적산 타이머를 사용하기 위해선 PLC 파라미터의 디바이스 항목에서 적산 타이머 사용을 위한 메모리가 할당되어야 한다. 아래 그림은 타이머의 디바이스 점수를 2K에서 1K로 변경하고, 적산 타이머의 디바이스 점수를 0K에서 1K로 변경한 후의 화면이다.

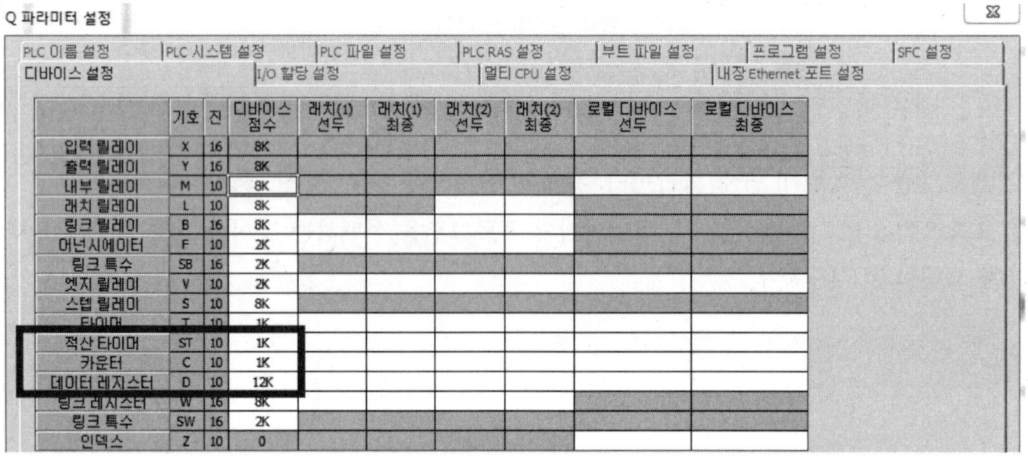


| | 기호 | 진 | 디바이스 점수 | 래치(1) 선두 | 래치(1) 최종 | 래치(2) 선두 | 래치(2) 최종 | 로컬 디바이스 선두 | 로컬 디바이스 최종 |
|---|---|---|---|---|---|---|---|---|---|
| 입력 릴레이 | X | 16 | 8K | | | | | | |
| 출력 릴레이 | Y | 16 | 8K | | | | | | |
| 내부 릴레이 | M | 10 | 8K | | | | | | |
| 래치 릴레이 | L | 10 | 8K | | | | | | |
| 링크 릴레이 | B | 16 | 8K | | | | | | |
| 어넌시에이터 | F | 10 | 2K | | | | | | |
| 링크 특수 | SB | 16 | 2K | | | | | | |
| 엣지 릴레이 | V | 10 | 2K | | | | | | |
| 스텝 릴레이 | S | 10 | 8K | | | | | | |
| 타이머 | T | 10 | 1K | | | | | | |
| 적산 타이머 | ST | 10 | 1K | | | | | | |
| 카운터 | C | 10 | 1K | | | | | | |
| 데이터 레지스터 | D | 10 | 12K | | | | | | |
| 링크 레지스터 | W | 16 | 8K | | | | | | |
| 링크 특수 | SW | 16 | 2K | | | | | | |
| 인덱스 | Z | 10 | 0 | | | | | | |

# 기본실습 17 On 지연 타이머

멜섹 PLC의 타이머는 PLC 내의 클럭 펄스를 가산 계수하여 설정 값에 도달했을 때 출력 접점이 On되는 기능을 가지고 있다. 따라서 On 지연 타이머를 프로그램 하기는 쉽다. 타이머의 기본 단위(디폴트 펄스 클럭)은 100ms이므로 10을 설정 값으로 하면 100ms×10=1000ms=1s로 설정된다.

접점을 On하면 5초에 On되는 타이머를 만들어라.

### 프로그램①

### 프로그램②

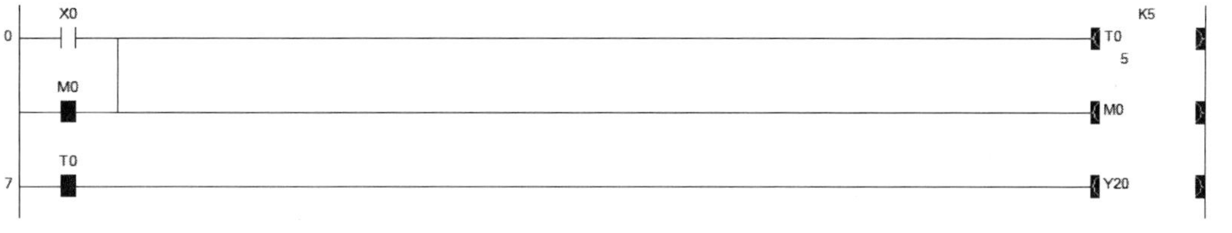


### 프로그램③

### 프로그램 설명

① 타이머의 기본 단위가 100ms이므로 설정 값을 50으로 하면 5초가 된다.
② X0을 5초간 누르고 있어야지, 설정시간 전에 Off되면 현재 값이 0으로 된다.
③ X0을 On시키는 순간부터 설정기간이 지나면 타이머가 On된다.
④ X0을 Off시키는 순간 타이머도 Off된다.
⑤ X0을 자기유지 시키려고 비트 디바이스인 M0를 사용하였지만, M0를 Off시키려면 프로그램이 수정되어야 한다. (프로그램 ②)
⑥ 이를 해결하기 위해 Set과 Reset을 사용하여 M0를 On/Off시켰다. (프로그램 ③)

# 기본실습 18 Off 지연 타이머

타이머는 PLC 내의 클럭 펄스를 가산 계수하여 설정 값에 도달했을 때 출력 접점이 On되는 기능을 가지고 있기 때문에, Off 지연 타이머는 On 지연 타이머를 응용하여야 한다.

P00000 접점이 Off 된 후 2초 후에 출력 P00030이 출력되도록 프로그램을 작성하여라.

### 프로그램①

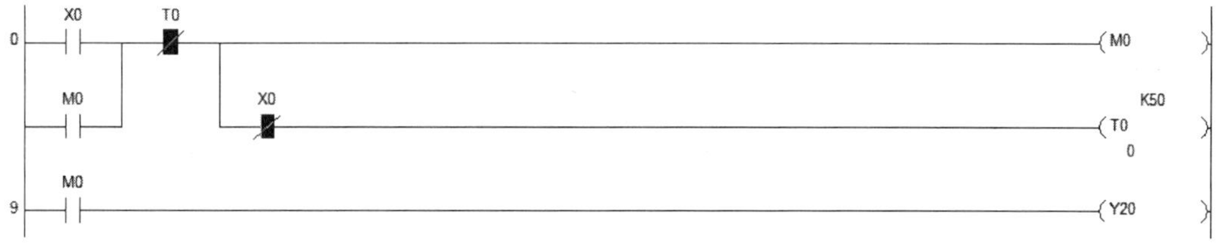


### 프로그램②

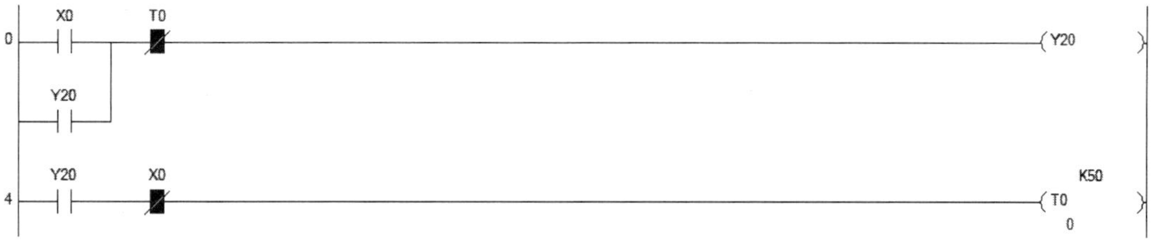


### 프로그램 설명

① 접점 X0을 On하면 자기유지가 되고, X0을 Off하여도 M0은 자기유지가 되어있기 때문에 설정시간까지 T0 타이머가 유지된다.

② T0 타이머가 On되면서 B접점 T0을 끊어주기에, 접점 X0가 Off 할 때부터 설정시간 만큼 On이 유지되다가 Off되므로 Off 지연 타이머가 된다.

## 기본실습 19 적산 타이머

적산 타이머는 일반 타이머와는 달리 입력 접점이 On되는 시간을 누적하여 설정시간이 되면 On하는 타이머이다. 따라서 적산 타이머는 적산된 현재 값의 클리어가 요구된다. 적산 타이머를 사용하기 위해선 PLC 파라미터의 디바이스 항목에서 적산 타이머 사용을 위한 메모리가 할당되어야 한다.

10초 후에 동작하는 적산타이머와 일반타이머를 비교하여라.

### 프로그램

### 프로그램 설명

적산 타이머는 일반 타이머와는 달리 일력 신호가 없어도 현재 값이 유지가 된다. 또한 입력 신호가 On되는 시간이 누적됨을 알 수 있다. 그래서 적산 타이머 ST0의 현재 시간을 클리어 시킬 수 있게 프로그램을 작성하여야 한다.

## 기본실습 20 플리커(Fliker) 회로

일정 시간 On과 Off를 반복하는 Flicker회로를 만들어라.

### 프로그램

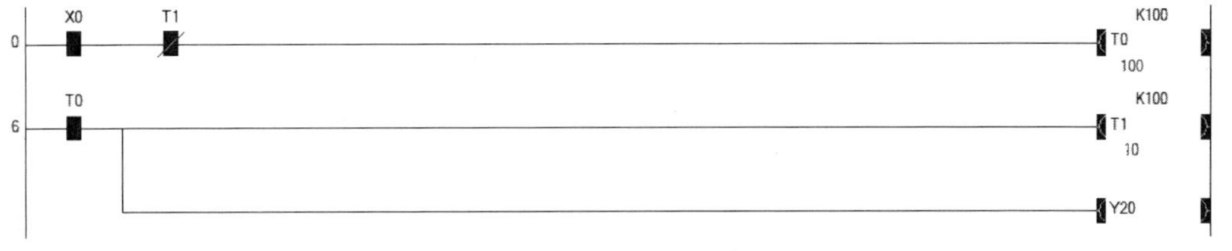


프로그램 설명

① T0 타이머가 10초 후에 On되면, Y20는 On되고 T1 타이머도 시작된다.

② T1 타이머가 10초 후에 On되면 T0가 Off되기 때문에, 스텝6 라인에 있는 Y20과 T1타이머도 Y1도 Off된다.

③ T1이 Off되면 바로 T0 타이머가 10초 후에 다시 On된다.

④ 이와 같은 동작을 반복하기 때문에, Y20도 일정시간 On과 Off를 반복하는 Flicker회로가 된다.

## 기본실습 21 일정시간 On되었다가 Off되는 회로

빔 프로젝트 같이 신호가 Off되었을 때부터 일정시간 On되었다가 Off되는 회로를 만들어라.

### 프로그램

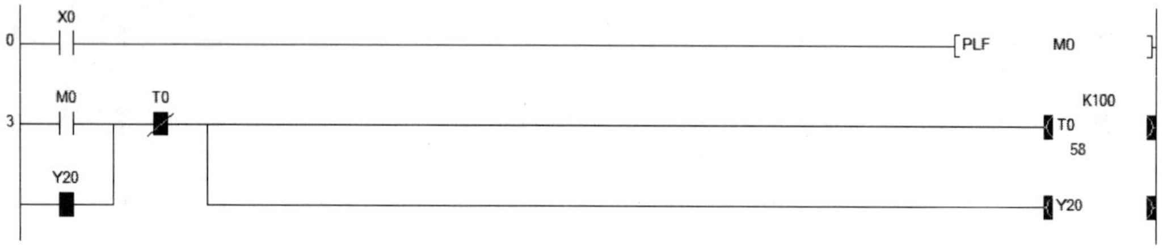


### 프로그램 설명

① PLF 명령어를 Off되면서 한 펄스가 On 되면서 T0 타이머를 가동시킨다.

② 설정시간이 지나면서 T0가 On된다.

③ T0가 On되면서 B접점 T0가 타이머 T0와 Y20을 Off시킨다.

## 기본실습 22 가산카운터 명령

카운터는 On되는 입력 신호를 계수하는 디바이스이다. 입력 신호가 설정 값 이상 신호가 들어와도 그 이상 올라가지 않는다. 카운트 중인 현재 값이나 이미 설정 값에 도달한 값을 초기화하기 위해선, 카운트 메모리에 저장된 값을 초기화하는 리셋 명령이 요구된다.

입력신호가 10회 들어오면 출력이 On되는 프로그램을 작성하여라.

### 프로그램

### 프로그램 설명

① 스텝0 라인에서 카운터 C0은 설정 값을 10으로 했다.

② 스텝0 라인은 카운터 현재 값을 워드 디바이스 D1에 저장시켰다. 이는 외부로 나가는 BCD출력 등에 활용될 수 있다.

③ 계수 값이 카운터 설정 값에 이상이 되면 Y20램프가 켜진다.

④ 카운터가 On된 상태에서 입력 신호가 계속 들어와도 C0값은 더 이상 변화되지 않는다.

⑤ 카운터는 계수 값을 저장하는 메모리가 필요하기에, 이 값을 초기화시킬 수 있는 리셋도 필요하다.

⑥ 리셋시키면 계수중의 현재 값이나 설정 값에 도달한 값을 초기화시킨다.

# 기본실습 23 감산카운터 명령

멜섹 PLC 카운터에서는 On되는 입력 신호를 계수하는 디바이스이기 때문에 감산 카운터는 가산 카운터를 응용하여 만들어야 한다.

입력 신호가 10번 계수되면 램프가 출력되는 감산카운터 프로그램을 작성하여라.

## 프로그램

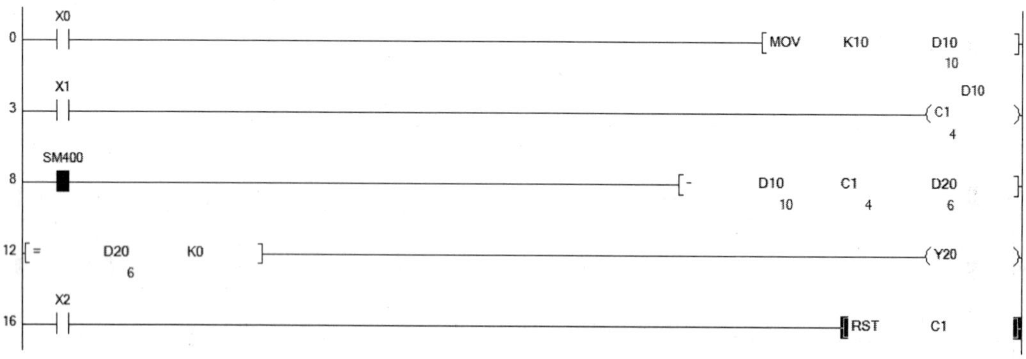


### 프로그램 설명

① 스텝0 라인에서 설정 값을 데이터 레지스터 D10에 저장한다.

② 스텝3 라인에서 D10을 설정 값으로 하는 카운터 C1을 만들고 X1의 신호를 계수를 한다.

③ 설정 값에서 카운터의 현재 값을 빼서 D20에 저장을 한다.

④ 설정 값에서 카운터의 현재 값은 뺀 D20이 '0'이 되면 램프가 출력된다.

⑤ 신호 X2로 카운터 C1을 리셋시킨다.

# 기본실습 24 가감산카운터 명령

멜섹 PLC 카운터는 On되는 입력 신호를 계수하는 디바이스이기 때문에 감산 카운터는 가감산 카운터도 감산 카운터처럼 응용하여 만들어야 한다.

X1 접점으로 가산되고, X2 접점으로 감산되는 프로그램을 작성하여라.

## 프로그램

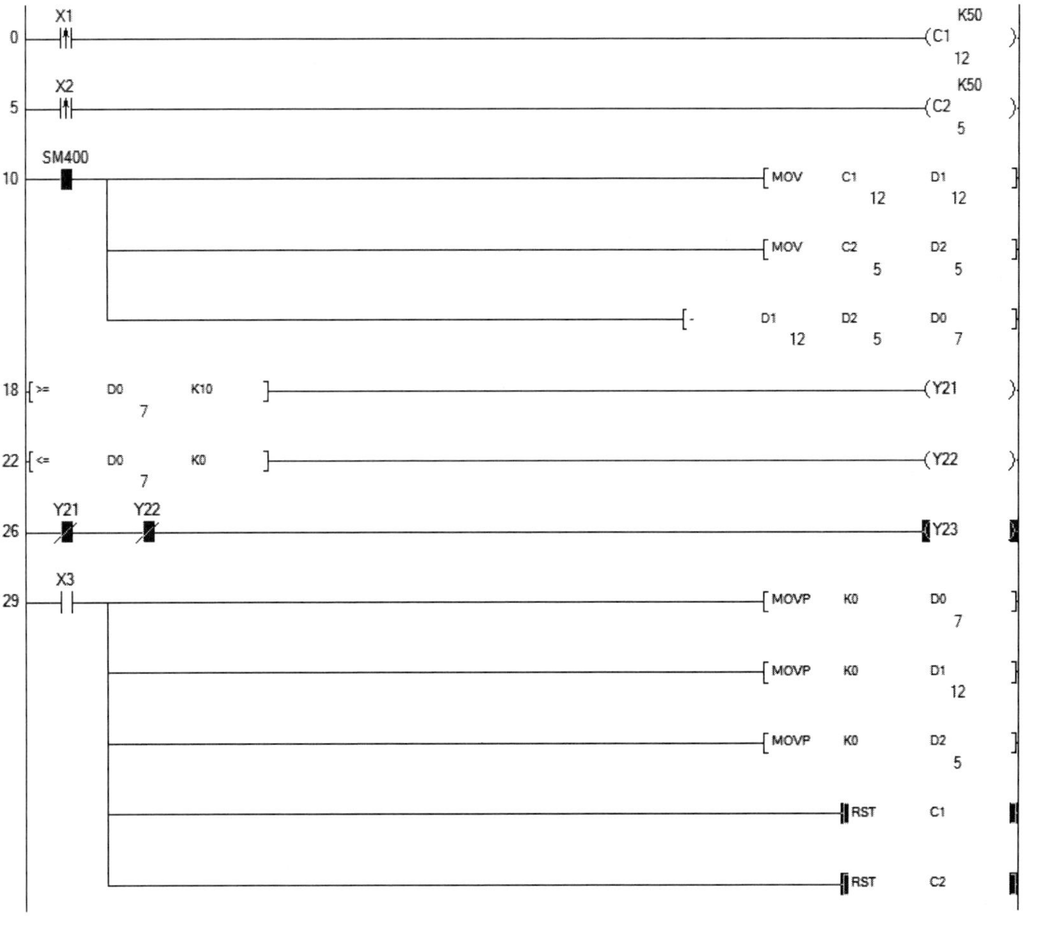

### 프로그램 설명

① X1은 가산, X2는 감산 펄스이다.

② 카운터 C1과 C2의 설정 값을 50으로 한 것은 실제 가감산 설정 값 10을 만들려면 가산과 감산 펄스가 10개 이상 요구되기 때문이다.

③ 가감산 값이 10이상이면 Y21이 출력되고, 0 이하이면 Y22 그리고 사이값이면 Y23이 출력한다.

# 기본실습 25 Set과 Reset 명령

멜섹 PLC 카운터에서는 On되는 입력 신호를 계수하는 디바이스이기 때문에 감산 카운터는 가감산 카운터도 감산 카운터처럼 응용하여 만들어야 한다.

실린더 한 개에 자동동작과 수동동작을 Set과 Reset으로 프로그램 하여라.

### 프로그램

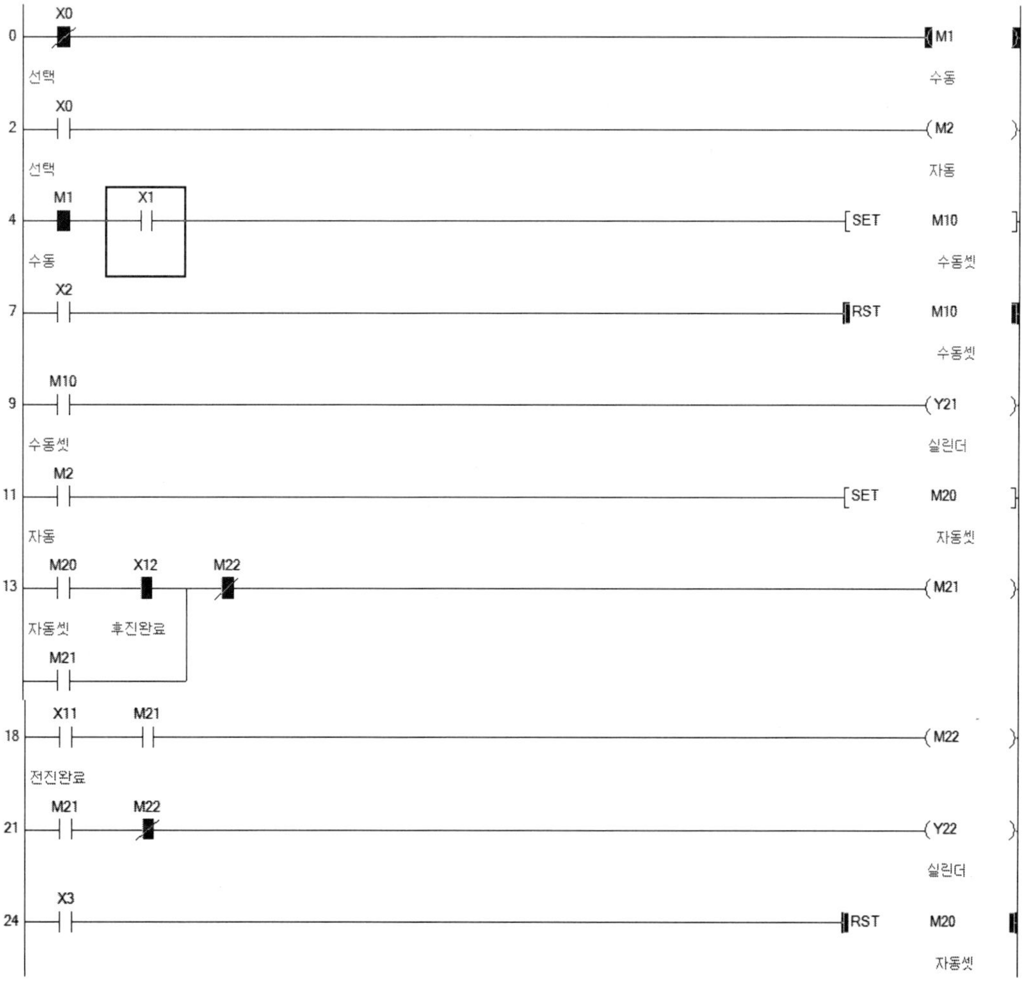

### 프로그램 설명

① X0으로 수동동작과 자동동작을 선택한다.

② M1에 의해서 수동 셋인 M10이 SET되면, X1를 On하면 실린더가 전진하고, X2를 On하면 실린더가 후진한다.

③ 이 때 X1이 없으면 M10이 SET되면서 바로 전진을 하기 때문에 전진 스위치로 X1를 추가시킨 것이다.

④ 스텝9 라인에서 수동 셋인 M10이 SET되면 실린더가 전진된다.

⑤ 스텝7 라인에서 X2dp 의해 M10을 Reset시키면 실린더가 후진된다.

⑥ M2에 의해서 자동 셋인 M20이 SET되면, 자동으로 실린더가 전진과 후진을 한다.

⑦ X3에 의해서 자동 셋인 M20이 SET을 Reset시키면 자동동작이 멈춘다.

# 기본실습 26 마스터 컨트롤 명령

① 마스터 컨트롤명령(MCR)은 래더 프로그램의 공통 모선을 개폐함으로써, 효율적으로 래더 프로그램을 전환하는 경우에 사용하는 명령이다.
② MC명령이 ON되면 MC명령에서 MCR명령 사이의 연산 결과는 래더 프로그램 그대로 유지된다.
③ MCR 명령은 네스트 구조로 하여 사용할 수 있다. 각각의 마스터컨트롤 구간은 네스팅(N)으로 구별한다. 네스팅은 N0 ~ N14까지 사용할 수 있다.
④ 네스트 구조를 사용함으로써, 프로그램의 실행 조건을 순차적으로 진행되는 프로그램을 작성할 수 있다.

자동과 수동을 선택하는 프로그램을 작성하여라.

## 프로그램①

## 프로그램②

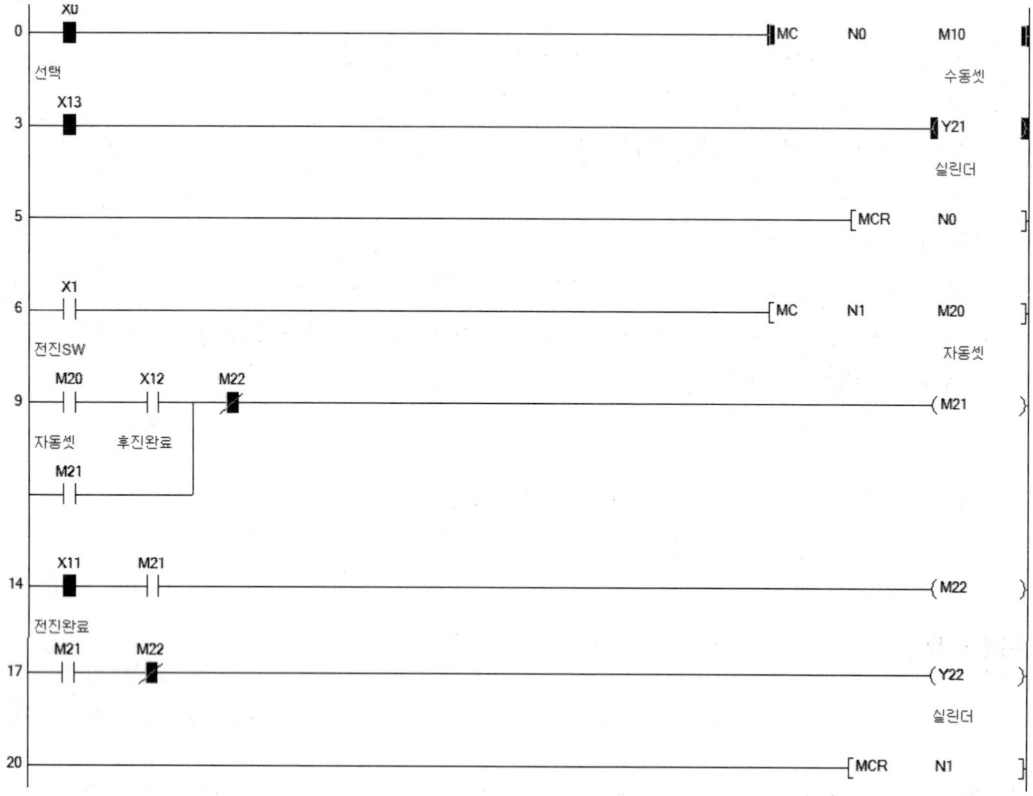


### 프로그램 설명

① 프로그램 ①에서, MC가 On되어 있으면 출력이 나가지만, Off되어 있으면 출력이 나가지 않는다는 것을 알 수 있다.

② 프로그램 ②에서 MC N0은 수동동작이고, MC N1은 자동동작이다.

③ 스텝6 라인에서 X1이 On되면, MC N1이 On 되면서 M20도 On되기에 자동동작을 한다.

Chapter 6

# 시퀀스 제어

6.1 시퀀스 제어의 기본 개념

6.2 시퀀스회로 작성법

6.3 시스템 구성 기본요소

6.4 시퀀스 기본회로

6.5 시퀀스 부가회로

6.6 시퀀스 응용회로

## 6.1 시퀀스 제어의 기본 개념

**시퀀스 제어**란 「**미리 정해진 순서 또는 일정한 논리에 따라 제어의 각 단계를 진행시켜 가는 제어**」를 말한다. 시퀀스 제어에서도 **제어장치에서 제어대상에 주어지는 제어명령**과 **제어대상으로부터 제어 장치로 돌아오는 상태검출 신호(back signal)**가 있어, 크게 두 블록(제어대상과 제어장치)으로 생각하면 피드백 제어와 구성이 비슷하다고 할 수 있다.

그러나 시퀀스 제어의 경우에는 제어장치 중의 구성요소로서 논리판단, 기억, 지연 등의 기능을 가지고 있다. 시퀀스 제어는 이미 주어진 동작명령에 따른 제어결과를 확인하여 다음의 동작명령을 만들어 내기 위해 제어 대상의 상태를 검출한다.

따라서 피드백 제어에서는 그 명칭이 나타내는 것과 같이 제어 대상의 검출은 반드시 필요로 하지만 시퀀스 제어에서는 그것을 반드시 필요로 하지 않으며, 그 대신 제어장치 중에 있는 기억 소자나 타이머 소자를 사용할 때도 많다. 일반적으로 시퀀스 제어에서 다음 단계로 제어를 이동하는 조건에는 다음과 같은 것들이 있다.

① 전 단계에서 제어동작이 끝난 후에 다음 단계로 이행할 경우
② 전 단계에서 제어동작 후에 일정한 시간이 경과한 후에 다음 단계로 이행할 경우
③ 전 단계에서 제어결과에 따라 다음에 행할 동작을 선정하여 다음 단계로 이행할 경우

## 6.2 시퀀스회로 작성법

시퀀스제어에서 끊임없이 되풀이 되는 문제는 간섭현상인데, 이는 한 액추에이터에 상반된 신호가 동시에 존재하기 때문에 발생한다. 이런 간섭현상을 회로적으로 해결하는 방안에는 **캐스캐이드(Cascade) 방법과 스텝퍼(Stepper) 방법**이 있다.

### 1) 캐스캐이드 방법

간섭은 한 실린더에 전진과 후진 신호가 동시에 존재할 때 발생하므로, 이들을 간섭이 발생하지 않도록 그룹으로 분리하고, 계단식으로 진행되는 그룹만 에너지를 공급한다. 다음은 실린더 3개로 작업하는 시퀀스로, A+는 A실린더 전진을, A-는 A실린더 후진을 의미한다. 간섭현상은 A+와 A-사이, B+와 B-사이 그리고 C+와 C-사이에서 일어나기 때문에 이들이 한 그룹에 속하지 않도록 다음과 같이 그룹을 나누면 된다.

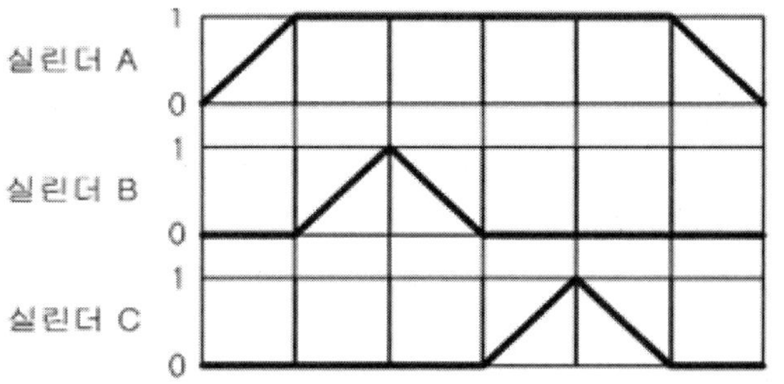


| 그룹1 | | 그룹2 | | 그룹3 | |
|---|---|---|---|---|---|
| A+ | B+ | B− | C+ | C− | A− |

그림 6.1

### 2) 스텝퍼 방법

캐스캐이드 방법은 한 그룹에 포함되는 스텝수가 일정하지 않기 때문에 일관성이 떨어지므로 현장에서는 보수문제로 인하여 사용을 하지 않는다. 이보다 한 스텝을 한 그룹으로 간주하는 스텝퍼 방법이 일관성이 있기에 현장에서는 많이 쓰이고 있다.

① 양 솔레노이드 규칙성

$$i \text{ step : } (\text{조건}_i) * K_{i-1} * \overline{K_{i+1}} = K_i$$

자기유지 |

$$last \text{ step : } (\text{조건}_{last}) * K_{last-1} * \overline{K_1} = K_{last}$$

자기유지 |

초기화 |

* 조건은 전 작업의 완료 신호

$K_i$ 역할은 다음과 같다.

① 전 단계 Off 시킴

② 다음 단계 준비시킴

③ 준비하고 있다가, 전 단계 작업의 완료신호가 On되면 바로 시작

④ 바로 전 준비시킨 곳까지 자기유지

⑤ 다음 단계가 시작되면서 바로 전 단계는 B 접점이므로 Off됨

## 2) 편 솔레노이드 규칙성

$$1st \text{ step : (조건1) * } \overline{K_{last}} = K_1$$

자기유지!

$$i \quad \text{step : (조건}_i\text{) * } K_{i-1} = K_i$$

자기유지!

$$last \text{ step : (조건}_{last}\text{) * } K_{last-1} = K_{last}$$

$K_i$ 역할은 다음과 같다.

① 시퀀스와 같은 순서대로 k1, k2, K3, ... 로 함

② 맨 마지막 작업은 순차적으로 k1,k2,를 Off 시키면서 자기업무 수행하고, 자기유지 시킴

③ 따라서 맨 마지막 작업만 B 접점이고, 나머지는 A 접점으로 해야, 맨 마지막 작업 $K_{last}$ 가 On되면서 차례대로 전부 Off시킴

## 6.3 시스템 구성 기본요소

작업을 수행하기 위해서 기본적으로 비상스위치, 자동 또는 수동 선택 스위치, 시동 스위치 그리고 전진과 후진 완료센서가 필요하다.

### 1) 메인 스위치

모든 기계는 세척, 보수 유지 작업 또는 장시간 정지 시에 동력을 차단할 수 있는 메인 스위치가 있어야 한다. 이 스위치는 수동으로 작동시킬 수 있어야 하며, Off위치에는 잠금 장치가 있어야 한다.

### 2) 비상정지 스위치

비상시에는 모든 기계가 즉각적으로 정지할 수가 있어야 한다. 일반적으로 공압 실린더는 원위치하고 유압 실린더는 현위지에 정지한다. 전기시스템은 전원 공급이 차단된다. 또한 순서를 지키면서 원위치하는 경우도 있다. 이 버튼은 쉽게 판별할 수 있도록 일반적으로 적색의 버섯모양의 스위치를 사용하며, 비상정지가 제거되었을 때 시스템은 다시 시동될 수 있는 위치로 가야 한다.

### 3) 자동과 수동의 선택 스위치

자동으로 진행되는 시스템도, 연결 및 테스트를 위한 수동 조작 및 개별 조작의 필요성이 있다.

### 4) 시동 스위치

작업을 시작하는 스위치로, 안전 상태 및 기타 준비 상황 등을 확인하고 작동을 시작시킨다.

### 5) 정지 스위치

연속적으로 작업되는 시스템에서 정지 스위치를 누르면 시스템은 원위치로 가서 정지해야 한다.

## 6.4 시퀀스 기본회로

시퀀스제어로 복잡한 자동화가 이루어지고 있으나, 이는 다음의 기본회로가 근본을 구성하고 있다.

### 1) AND 회로

모든 입력이 존재할 때에만 출력되는 회로로서 직렬 스위치 회로와 같다.

### 2) OR 회로

두 개 이상의 입력신호가 있는 회로에서 하나 이상의 입력이 존재할 때 출력되는 회로로서 병렬 스위치 회로와 같다.

### 3) NOT 회로

출력이 입력의 반대가 되는 회로로서, 입력이 0이면 출력이 1이고, 입력이 1이면 출력이 0이 되는 부정 회로이다.

### 4) 자기유지 (정지우선, 기동우선)

스스로 동작을 유지하기 위한 회로이다. 즉, 메모리 기능이 있는 회로로서 자신의 접점으로 자기유지 회로를 구성하여 동작을 기억시키는 회로이다. 이 회로는 B접점의 정지신호가 있어야 해제할 수 있다. 자기유지회로에는 정지우선과 기동우선이 있는데, 일반적으로 정지우선 회로가 쓰인다.

**예제 1** 자기유지회로는 자신의 접점으로 동작을 유지시키는 회로이다. 이 회로에는 정지우선과 기동우선이 있다. 이를 구분할 수 있는 프로그램을 작성하고 설명하여라.

**프로그램①**

**프로그램②**

프로그램 설명

프로그램 결과에서 알 수 있듯이, 시동과 정지 버튼을 동시에 눌렀을 때 시동 버튼이 적용되면 시동우선이 되는 것이고, 정지 버튼이 적용되면 정지우선 자기유지 회로가 된다.

## 6.5 시퀀스 부가회로

### 1) 병렬우선회로 (인터록 회로 ; Interlock circuit)

시퀀스 기본제어회로 중에 하나인 병렬우선회로 또는 인터록 회로는 모터의 정역회전의 금지 등 기기의 보호나 작업자의 안전을 위한 회로이다. 이 회로는 선행되고 있는 기기의 동작 상태 접점을 사용하여 관련된 다른 동작을 금지시키는 선행동작우선회로이다. 예를 들어, 퀴즈 게임을 하는 경우에 누가 먼저 버튼을 눌렀는지를 구분하기가 어려운 경우, 병렬우선 회로를 구성하여 제일 빠른 신호가 다른 신호를 차단하면 구분이 확실해진다.

**예제 2** 모터 정 · 역운전에 관한 예제이다. 스위치-정회전을 누르면 모터가 정회전되고, 스위치-역회전을 누르면 모터가 역회전되는 회로를 작성하여라. 단, 모터 정지는 리셋으로 시킨다.

**프로그램①**

**프로그램②**

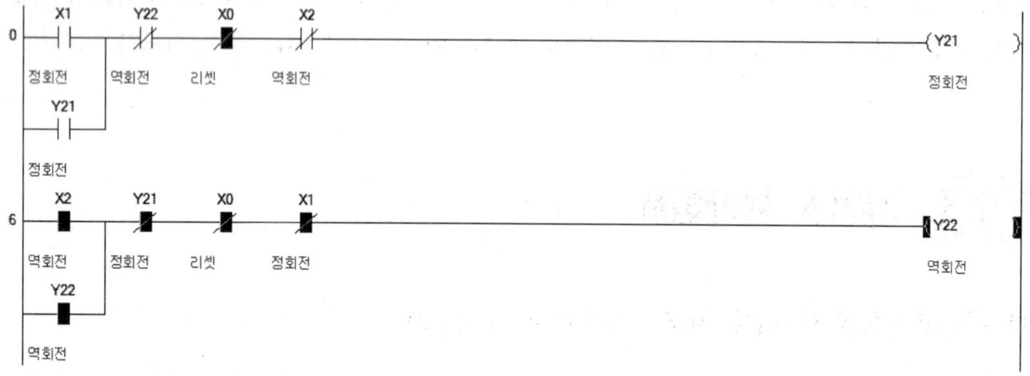


## 프로그램 설명

프로그램 ①이 정회전에서 역회전 신호가 ON되어도 정회전이 계속된다면, 역회전을 시키기 위해서는 리셋 후에 역회전 시켜야 한다. 모터의 회전 방향을 바로 바꾸면 축과 축격을 가하기에 바람직하지 않다. 그러나 프로그램 ②는 바로 정회전에서 역회전으로 바뀐다. 모터 회전 같이 정회전에서 역회전을 시켜야 할 때 어느 정도의 시간이 필요한 경우도 있지만, 그렇지 않아도 되는 경우도 있기 때문에, 프로그램을 선별하여 사용해야 한다.

**예제 3** 3명이 퀴즈게임을 하려고 한다. 사회자가 버튼을 누르면 3명의 램프가 소등이 되고, 게임이 진행되면 제일 먼저 누른 응시자의 램프가 점등되고 나머지는 점등이 안 되도록 프로그램을 작성하여라.

**프로그램①**

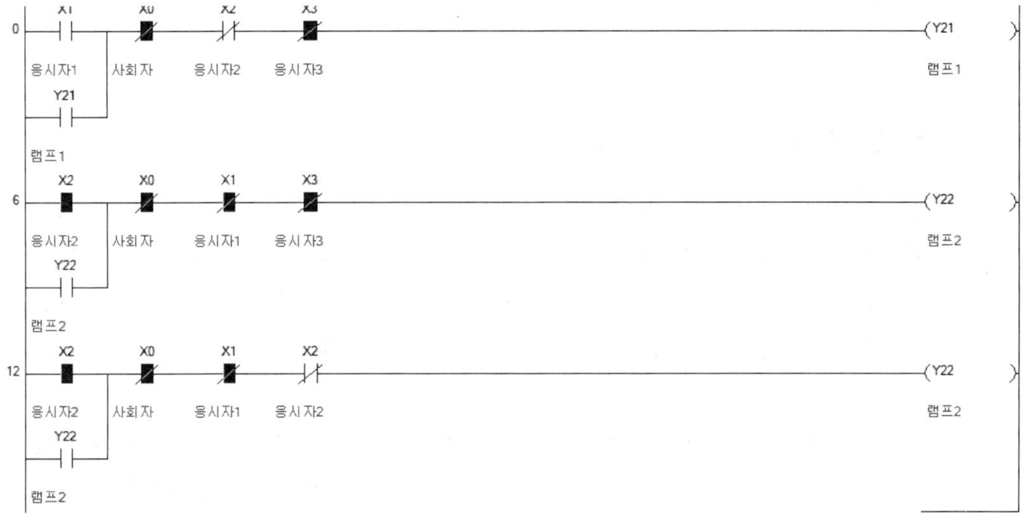


**프로그램②**

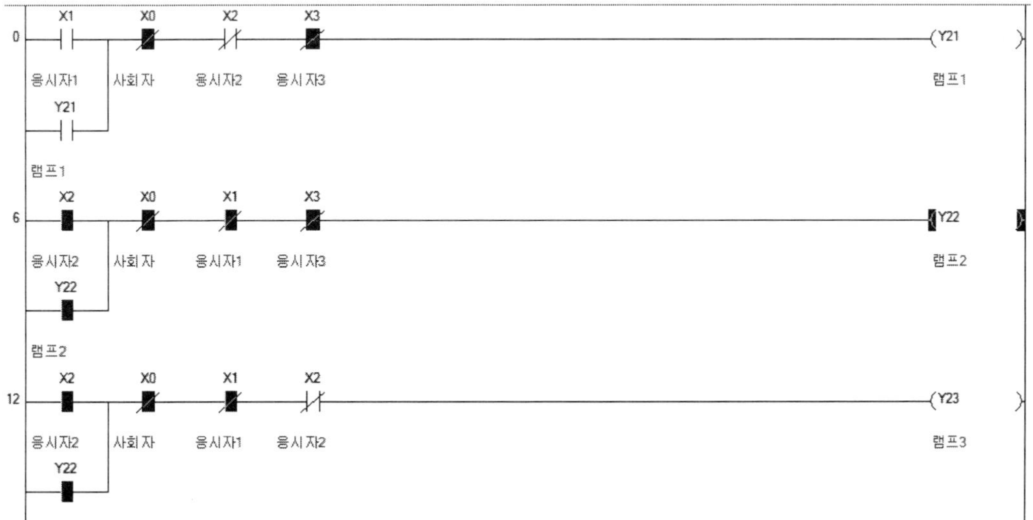

프로그램 설명

프로그램 ①은 이중 코일이 있기 때문에 출력이 나오지 않는 것이다. 출력이 나오지 않을 때에는 이중 코일을 확인해 봐야 한다. 프로그램 ①에서 사회자가 버튼을 누르면 초기화되기 때문에 응시자가 아무리 버튼을 눌러도 램프가 켜지지 않는다. 프로그램 ②는 응시자 2가 제일 먼저 버튼을 눌렀기 때문에, 응시자 1과 3의 경우, 나중에 버튼을 눌러도 이미 B접점으로 끊어져 해당되는 램프가 작동을 하지 않게 된다.

## 2) 직렬우선회로(체인 회로 ; Chain circuit)

직렬우선회로는 선행 동작이 이루어져야만 다음 동작이 직렬적으로 이루어지는 회로를 말한다. 그 예시로, 몇 대의 컨베이어를 연결하여 제품을 운반하고 있는 시스템에서 직렬적으로 앞 컨베이어가 동작되어야 제품을 운반할 수 있다는 점을 들 수 있다. 즉, 여기서 사용되는 회로가 선행동작이 진행되어야 다음 동작이 진행되는 직렬우선회로이다.

**예제 4** A, B, C 3대의 컨베이어가 차례대로 놓여있다. 각 컨베이어 끝단에는 물체가 끝에 도달한 것을 알 수 있는 센서가 부착되어 있다. A 컨베이어의 선단에 있는 물체를 B 컨베이어를 통과하여 C 컨베이어 끝단에 있는 적재함으로 물체를 이동하는 프로그램을 작성하여라.

**프로그램**

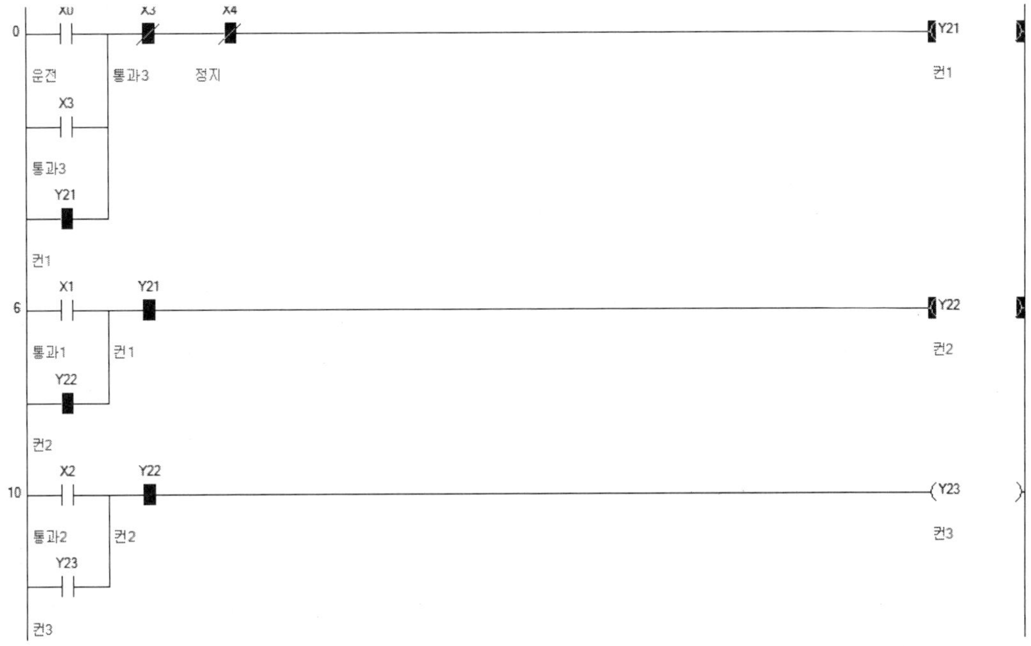


프로그램 설명

시작 버튼을 On시키면 컨베이어 1이 작동하여 물체를 이송하기 시작하면서, 컨베이어2를 준비시킨다. 물체가 컨베이어 1 끝단을 통과하면 통과A가 On되면서 컨베이어 2가 작동된다. 목표 위치에 도달하면 통과C가 On되면서 컨베이어1, 2, 3을 차례대로 Off시킨다.

## 3) 일치회로

절단기 같은 사고를 초래하기 쉬운 공작기계를 사용할 때는 많은 주의를 기울여야 한다. 안전사고 예방을 위해서는 준비점검을 충분히 하고 가공을 시작해야 한다. 이런 장치에 양손을 벌려 누를 수 있는 스위치 두 개를 AND 형태로 회로를 구성하면 사고예방을 할 수가 있는데, 이런 회로를 〈상태가 같을 때에만 출력이 나타나는 일치회로〉라 한다. 즉, 두 개의 입력 동작이 같은 경우에만 작업을 하게 된다.

**예제 5** 안전사고를 예방하는 절단기의 동작 버튼을 프로그램을 작성하여라.

**프로그램**

프로그램 설명

안전사고 예방을 하기 위해 절단기에서 양손을 벌린 위치에 두 개의 기동 버튼을 둔다. 이들 두 개의 버튼은 AND 조건으로 구성되어 있기 때문에, 작업준비가 된 상태에서 양쪽 끝에 있는 버튼을 누를 수 있는 것이다. 만약 실수로 하나의 버튼을 눌러도 AND 조건이라 가공이 이루어지지 않기 때문에, 예기치 않은 사고를 미연에 방지할 수 있다.

### 4) 인칭(Inching)회로(촌동회로)

인쇄기, 크레인, 기중기 또는 이와 유사한 장치는 한 위치에서 다른 위치로 이동하기 위해 아주 짧은 주기 동안 되풀이되는 기동을 해야 한다. 이때 조깅(Jogging)과 인칭(Inching)으로 구분하여 사용하는데, 전동기를 순간적으로 전력으로 기동시킨다면 조깅 상태가 되고, 기계가 원하는 점까지 느린 속도로 기동한다면 인칭이 된다. 여기서, 인칭은 촌동이라고도 하는데, 운전 시에는 푸시버튼 스위치를 누를 때에만 동작하여 전동기가 기동하고, 푸시버튼 스위치를 놓으면 전동기는 정지한다.

**예제 6** 미세한 작업을 위해 버튼을 누를 때만 가공이 되는 프로그램을 작성하여라.

**프로그램**

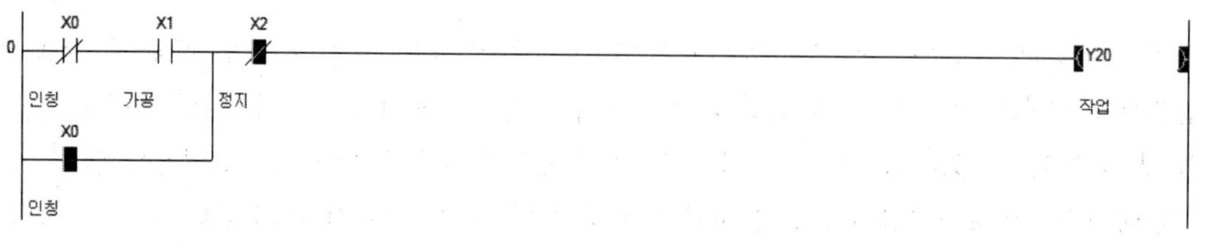


프로그램 설명

가공 버튼을 누르면 작업이 계속 진행이 되나, 실행경과와 같이 인칭을 누를 때만 작업이 되기 때문에, 작업 정도를 확인하면서 세밀하게 작업을 할 수가 있다.

## 5) 일정시간 동작회로

어떤 경우의 시스템에서는 가공시작을 누르고 일정 시간이 흐른 후, 자동적으로 시스템이 정지하는 일정시간 동작회로가 요구된다.

**예제** 7  시작 버튼을 누르면 가공을 시작하여 10초 후에 시스템이 자동으로 정지되는 프로그램을 작성하여라.

**프로그램**

프로그램 설명

**일반타이머**는 계측 단위가 1~1000ms이며 디폴트는 100ms이다. 예로서 100은 10s가 되는 것이다. 여기서 디폴트값의 변경은 좌측 프로젝트 관리 중 PLC 파라미터를 선택한 후에 PLC 시스템 설정에서 타이머의 계측 단위를 변경함으로써 이루어진다. 그러므로 프로그램은 시작 버튼을 누르면 가공을 하다가, On delay 타이머가 10초 후에 On되면 T0이 On되어 시스템이 정지하게 된다.

> **▶Tip**
>
> 프로그램 입력은 F7인 ()에서 T0 k100 또는 OUT T0 k100로 하면 된다.

## 6) 신입력 우선회로

신입력 우선회로는 병렬 또는 직렬우선회로와는 달리 나중에 입력된 신호가 우선이 되어 동작하던 회로가 정지하고, 나중에 들어온 신호에 의해 회로가 동작하게 된다.

**예제 8** 신호가 1, 2, 3에 따라 동작을 하는 시스템이 있다. 나중에 들어온 신호에 의해 먼저 진행되던 작업은 멈추고 나중에 들어온 신호에 의한 작업이 진행되는 프로그램을 작성하여라.

**프로그램**

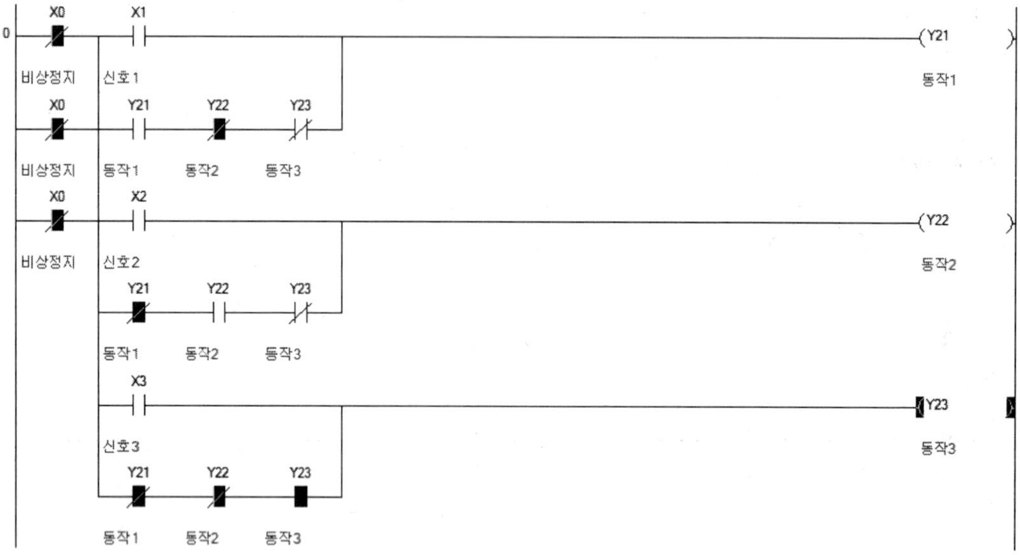


프로그램 설명

동작 1이 실행되고 있다가 신호 3이 입력이 되면, 진행되고 있던 동작 1은 Off가 되고 동작 3이 실행이 되는 신입력 우선회로이다.

## 7) 토글회로

토글(Toggle)회로란 하나의 스위치를 누름에 따라 On과 Off가 반복되는 회로이다. 이 회로를 구성할 때 일반코일과 양 변환 코일을 사용해봄으로써 양 변환 코일의 특성을 학습하자.

**예제 9** 버튼을 누를 때 마다 출력이 On/Off가 반복되는 토글회로를 작성하시오.

**프로그램①**

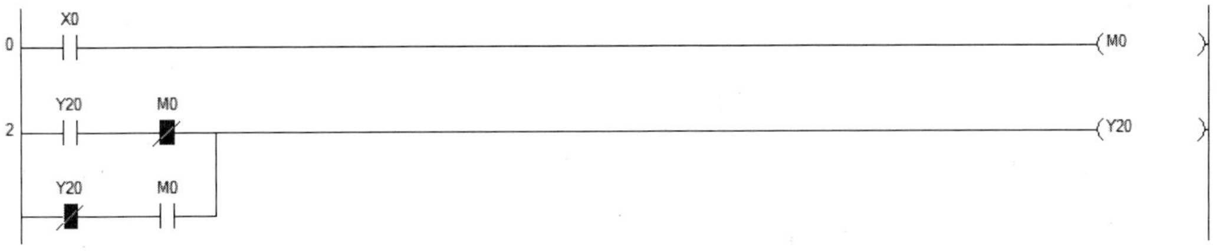


**프로그램②**

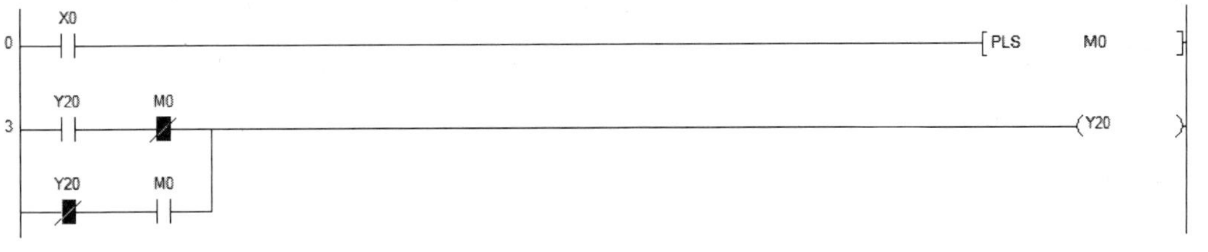


### 프로그램 설명

일반코일을 사용한 ①번 프로그램은 램프가 불규칙하게 On/Off가 반복됨을 알 수가 있고, PLC 명령은 1 스캔타임만 ON되기 때문에, 버튼을 한번 누르면 램프가 ON되고, 다시 누르면 Off되는 토글회로가 형성됨을 알 수 있다. 여기서 사용된 **M0은 보조릴레이**이다.

# 6.6 시퀀스 응용회로

## 1) 하나의 버튼으로 모터가 순차적으로 가동

하나의 버튼으로 모터의 가동 수를 제어하기 위해 양 변화 코일의 한 스캔만 On 되는 것을 이용하고, 동작이 완료되면 다음 동작을 준비시킨다. 준비된 상태에서 한 스캔의 신호에 의해 작업이 진행되며, 전 과정을 Off시킬 수 있는 시스템이다.

**예제 10** 하나의 버튼으로 모터의 가동 수를 제어하는 프로그램을 작성하라. 1번 누르면 모터1이 가동되고, 다시 누르면 다음 모터가 가동되도록 프로그램을 작성하여라.

**프로그램①**

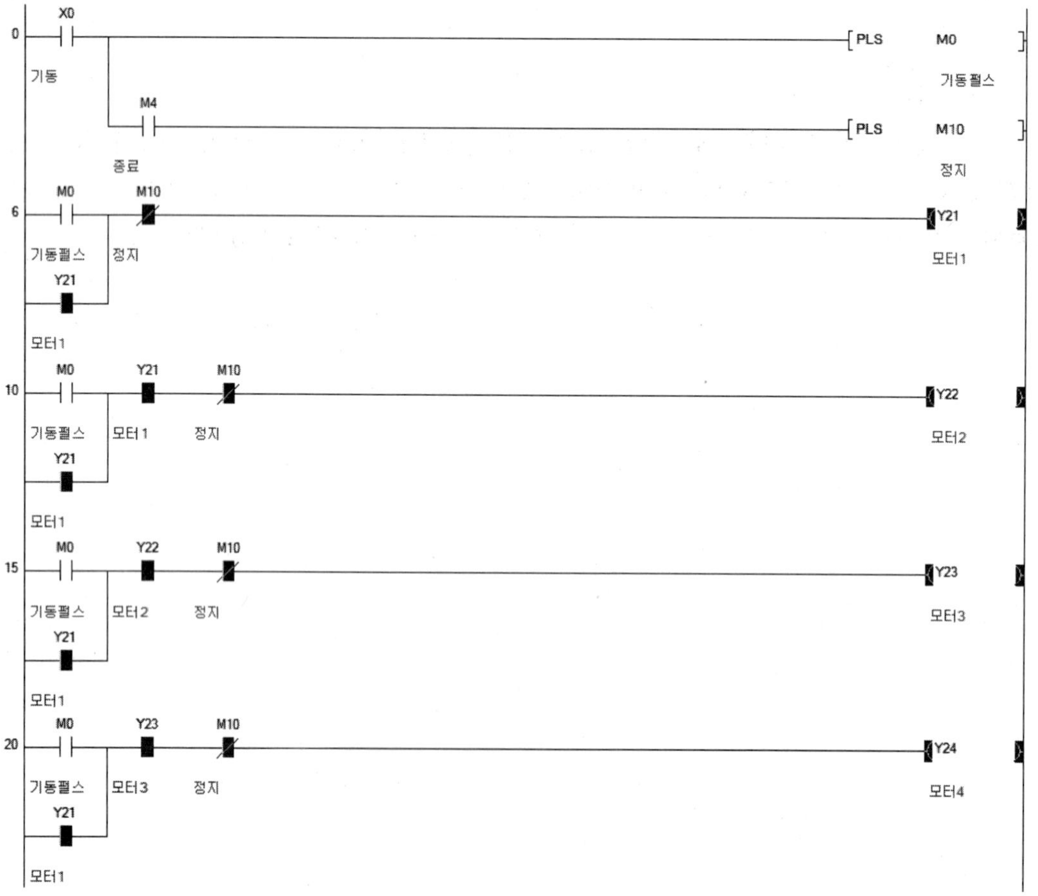

### 프로그램 설명

프로그램 해석이 스텝번호에 따라 위에서 아래로 진행되면서 출력의 상태가 결정되기 때문에, 이 프로그램은 기동펄스가 On되면 모터1이 ON되면서 다음 동작을 준비시키는 과정이 동시에 이루어진다. 따라서 동시에 모터 4개가 On되므로, 모터를 하나씩 On 시킬 수가 없다.

## 프로그램②

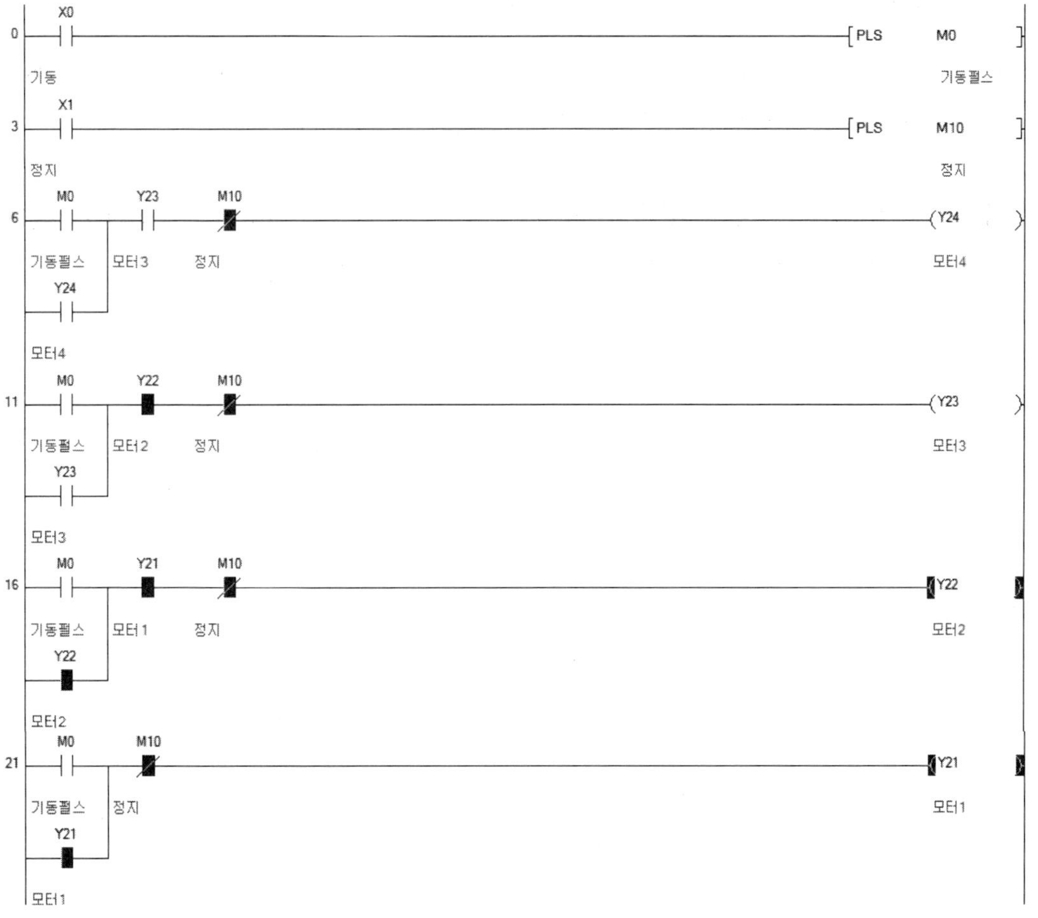


### 프로그램 설명

프로그램 해석이 아래로 위로 진행되기 때문에, 기동펄스가 한번 On되면 모터1, 두 번째는 모터2, 세 번째는 모터3, 네 번째는 모터4가 ON되어간다. 이 과정을 나열하면 다음과 같다.

- 하나의 버튼으로 모터의 가동 수를 제어
- 양 변화 코일의 한 스캔만 On되는 것을 이용

- 한 동작이 완료되면 다음 동작을 준비시킴
- 준비된 상태에서 한 스캔의 신호에 On되면 작업이 진행

맨 마지막 작업에서 전 과정을 Off 시키는 것은 프로그램이 아래부터 진행되므로 할 수 없다. 가능하게 하려면, 입력조건에 순차적으로 진행되는 완료 신호가 있어야 한다.

## 2) 연속작업

실린더 2개를 연속적으로 동작시키는 회로를 구성하기 위해서, 다음에 배울 시퀀스 제어를 위한 스텝퍼(stepper) 방법으로 프로그램을 작성하자.

**예제** 11 A 실린더 전진 완료 후에 후진하고, 후진 완료 후에 B 실린더가 전진한다. 전진 완료 후에 후진하는 과정을 반복하는 프로그램을 작성하여라.

## 초기상태의 모니터 화면

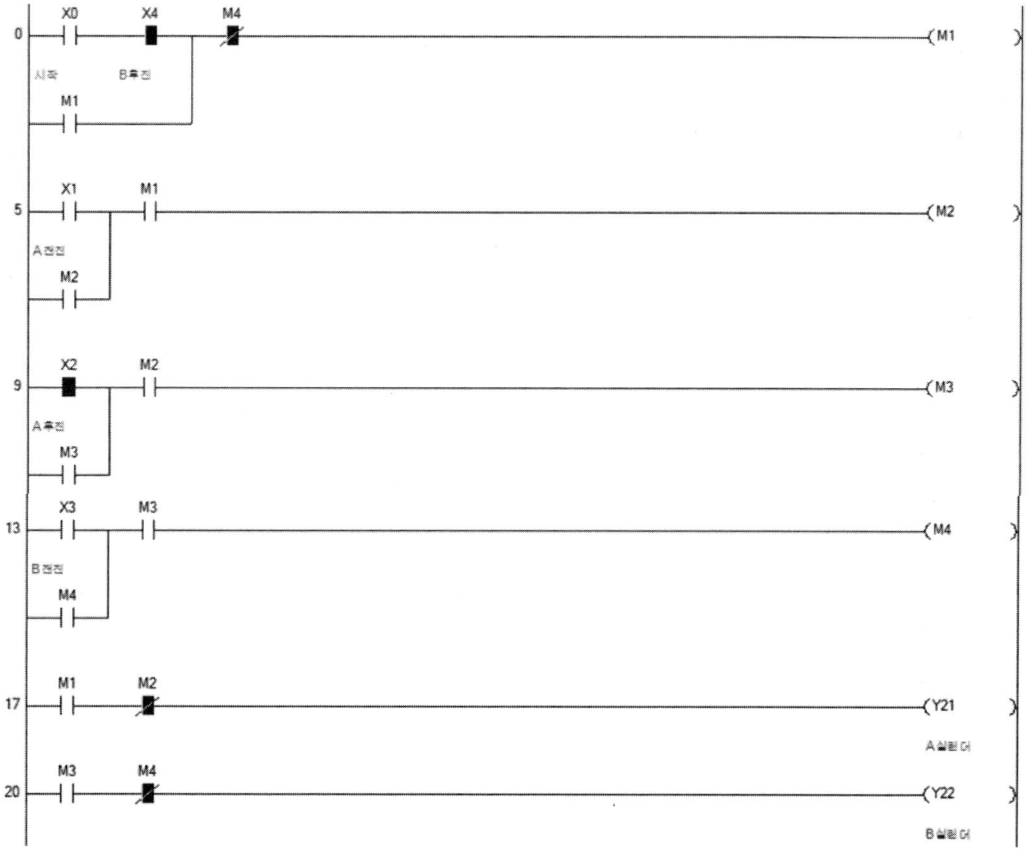


### 프로그램 해석

실린더 A와 실린더 B는 후진 상태이기에 X2와 X4가 On 되어 있다. M4는 B접점이므로 시작할 준비가 되어 있다. 만약 X2와 X4가 Off되어 있으면, 전 · 후진 완료 신호들을 점검해야 한다.

### 첫 번째 동작(A 실린더 전진) 모니터 화면

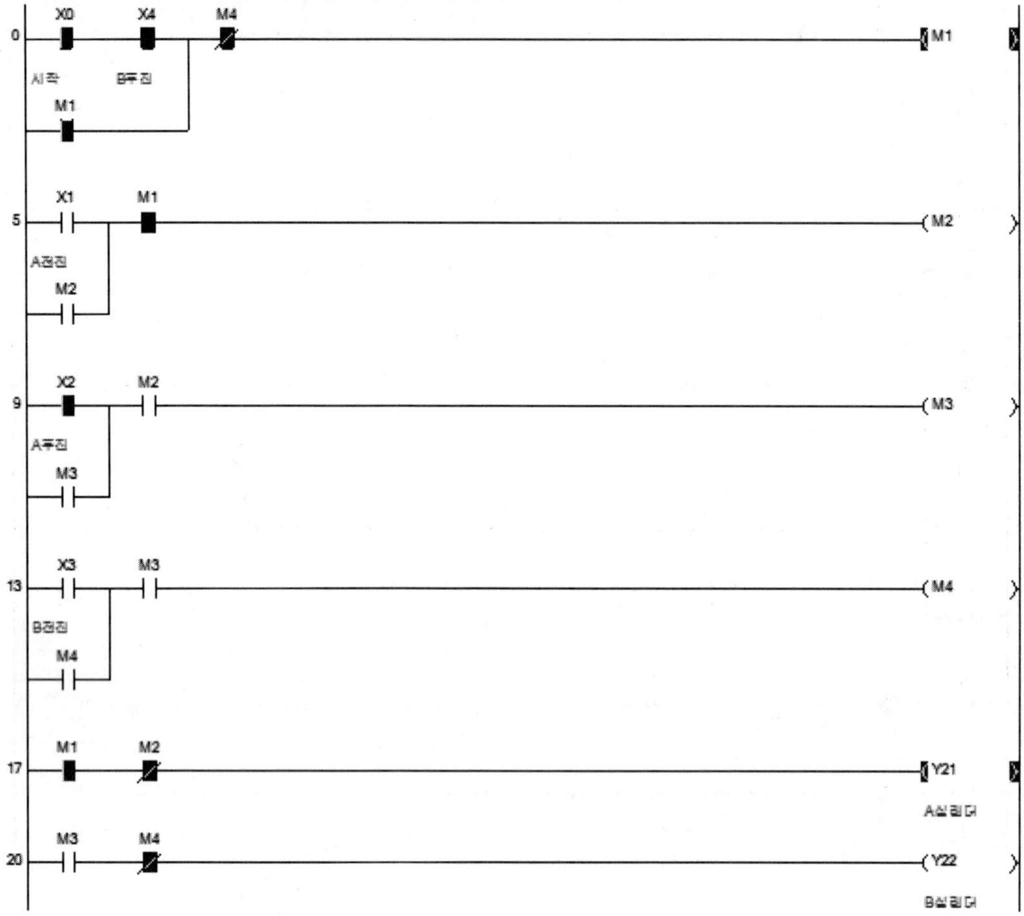


### 프로그램 해석

시작 접점인 X0가 On되면 M1이 On된다. M1은 다음 단계를 준비하고, 첫 번째 동작인 A 실린더를 전진시킨다. 동작이 완료된 후, A 실린더에 전진완료 신호가 On되면 다음 작업이 진행된다.

## 두 번째 동작(A 실린더 후진) 모니터 화면

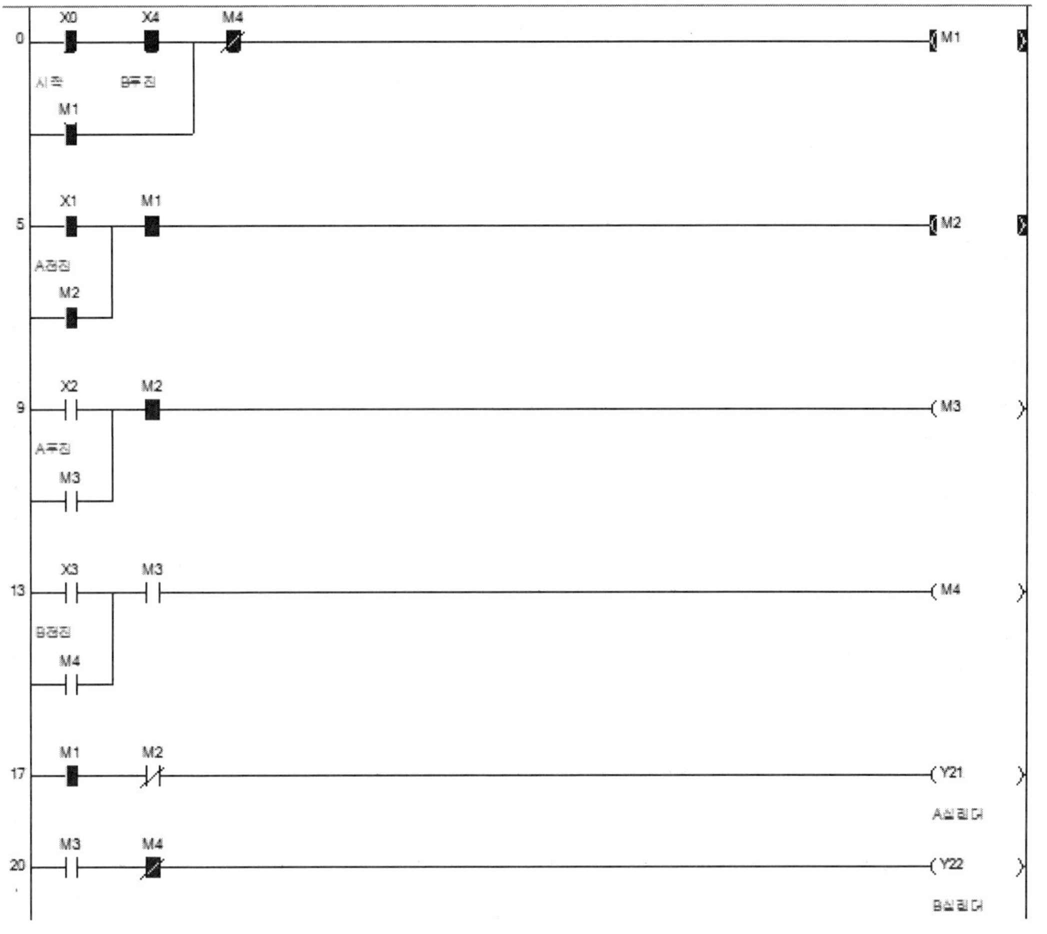


프로그램 해석

A 실린더가 전진하여 완료하면 X1접점이 On되면서 두 번째 작업을 한다. M2은 다음 단계를 준비하고, 두 번째 동작인 A 실린더를 후진시킨다. 주 회로도에서 M2는 B접점이기에 On이 되면 편 솔레노이드가 Off되어, 스프링이 리턴 되어서 A 실린더가 후진된다.

#### 세 번째 동작(B 실린더 전진) 모니터 화면

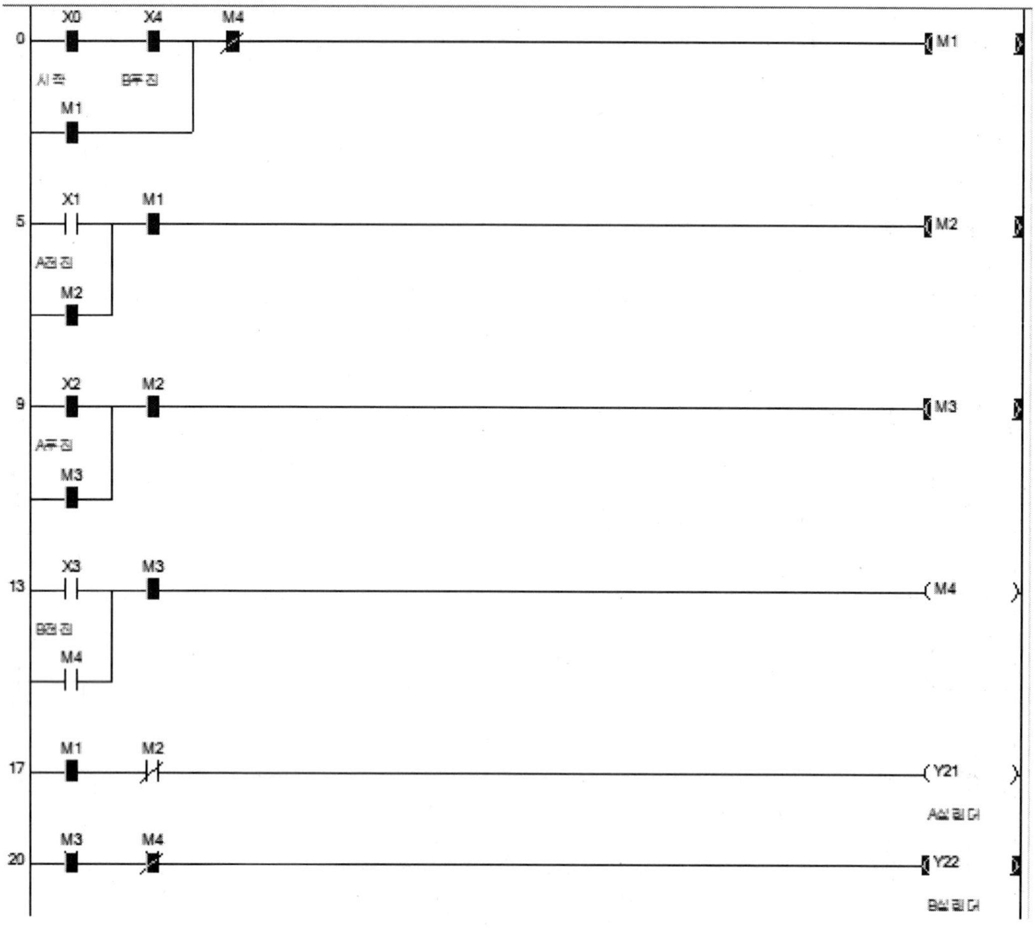

### 프로그램 해석

A 실린더가 후진하여 완료하면 X2접점이 On되면서 세 번째 작업을 한다. M3은 다음 단계를 준비하고, 세 번째 동작인 B 실린더를 전진시킨다. 주 회로도에서 M3이 On되면 B 실린더가 전진된다. B 실린더가 전진을 시작하면 B후진완료 접점이 Off된다.

**마지막 동작(B 실린더 후진) 모니터 화면**

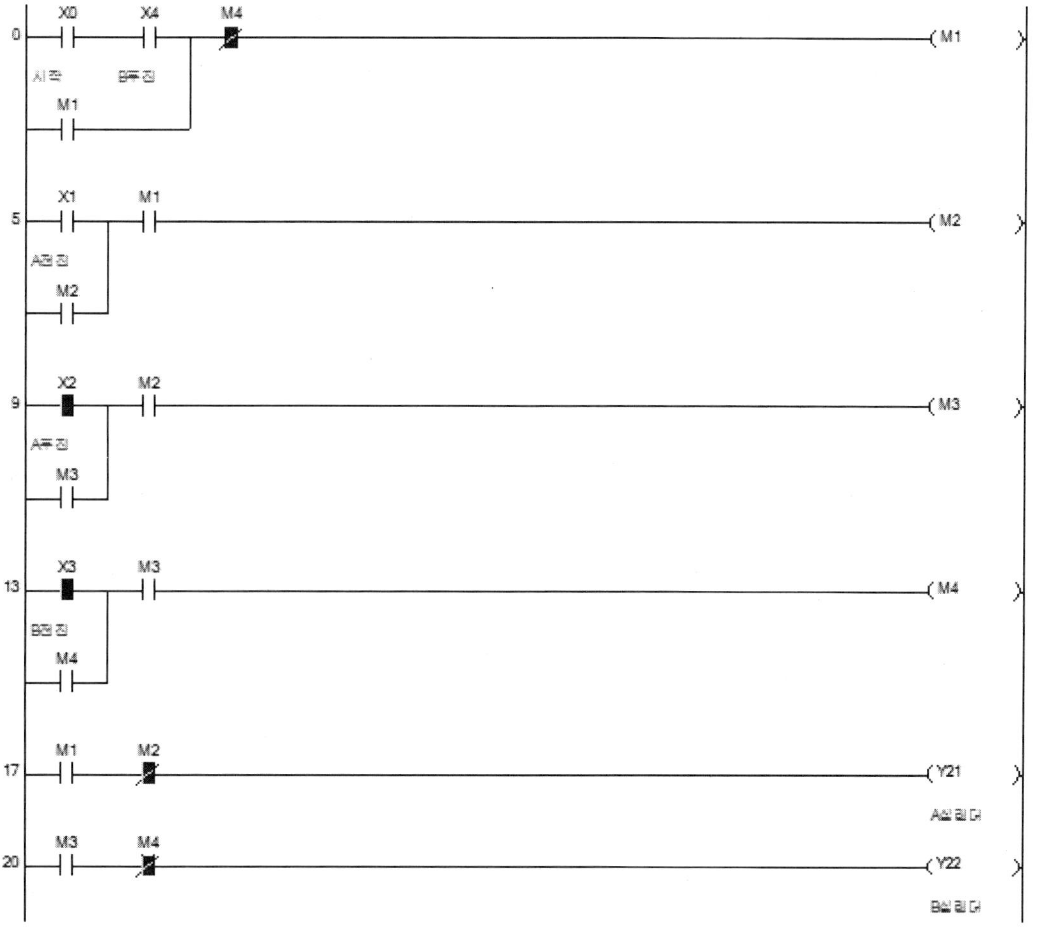


### 프로그램 해석

B 실린더가 전진하여 완료하면 X3접점이 On되면서 네 번째 작업을 한다. 제어회로도에서 B접점인 M4가 On되면서 M1, M2, M3, M4 등을 모두를 Off시킨다. 그래서 M4의 자기유지는 없어도 된다. 주 회로도에서 M4는 B접점이기에 On이 되면 편 솔레노이드가 Off되어 스프링 리턴 되어서 B 실린더가 후진된다. 후진 완료가 되면 X3접점이 On되는 초기상태가 된다. 만약 시작 접점 X0가 계속 On되어 있으면 이 시퀀스 동작을 계속한다.

## 3) 비상정지

시스템을 정지시키려면 일반적으로 두 가지 방법이 있다. 하나는 정지버튼을 누르면 그 시점에서 정지되는 비상정지이다. 그리고 다른 하나는 한 공정이 다 진행된 후에 정지가 되는 것이다.

**예제** 12 비상정지 버튼을 누르면 현 스텝에서 원위치가 되면서 정지되는 프로그램을 작성하여라.

**프로그램**

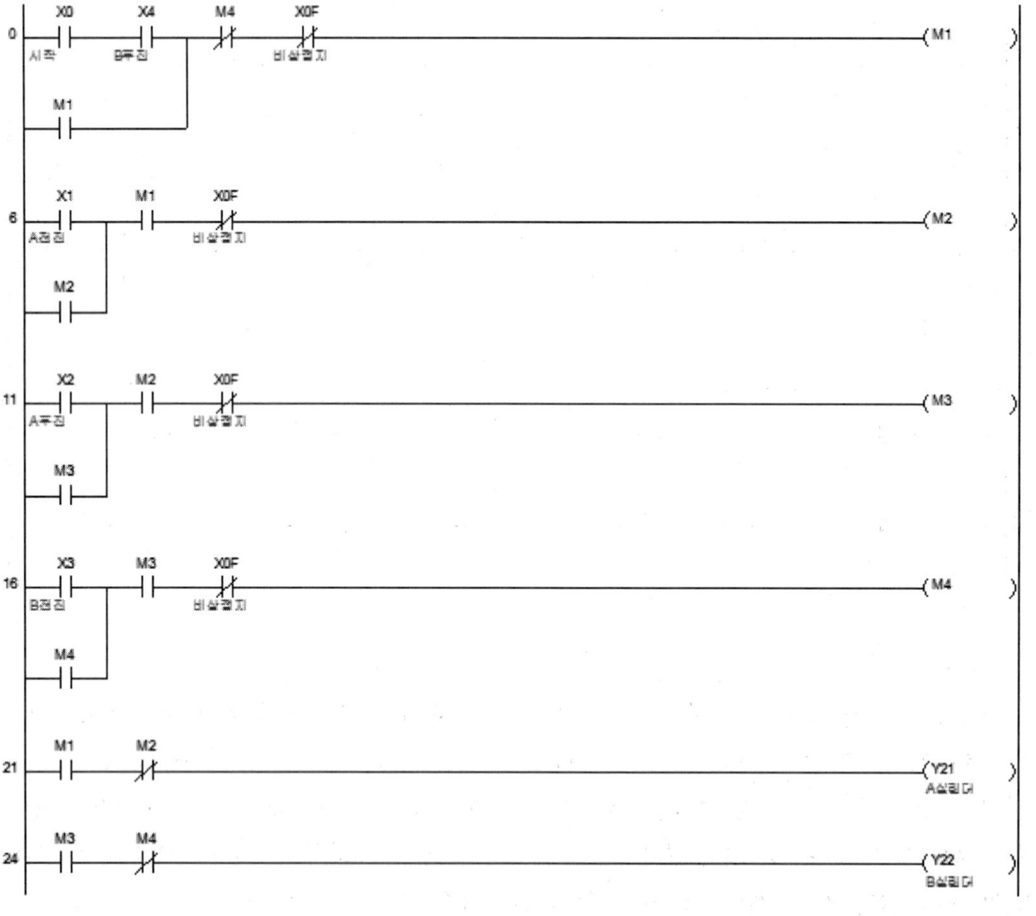


프로그램 설명

비상정지를 누르면 현 작업에서 정지가 되면서 실린더는 편 솔레노이드이기 때문에 원위치로 가서 정지함을 알 수가 있다. 비상정지를 해지하면 처음 작업서부터 진행됨을 알 수 있다.

## 4) 공정 종료 후 정지

연속작업에서 정지 버튼을 누르면, 비상정지와는 달리 한 공정이 다 진행된 후에 시스템이 정지하게 된다.

**예제** 13 정지 버튼을 누르면 한 공정이 다 진행된 후에 정지되는 프로그램을 작성하여라.

**프로그램**

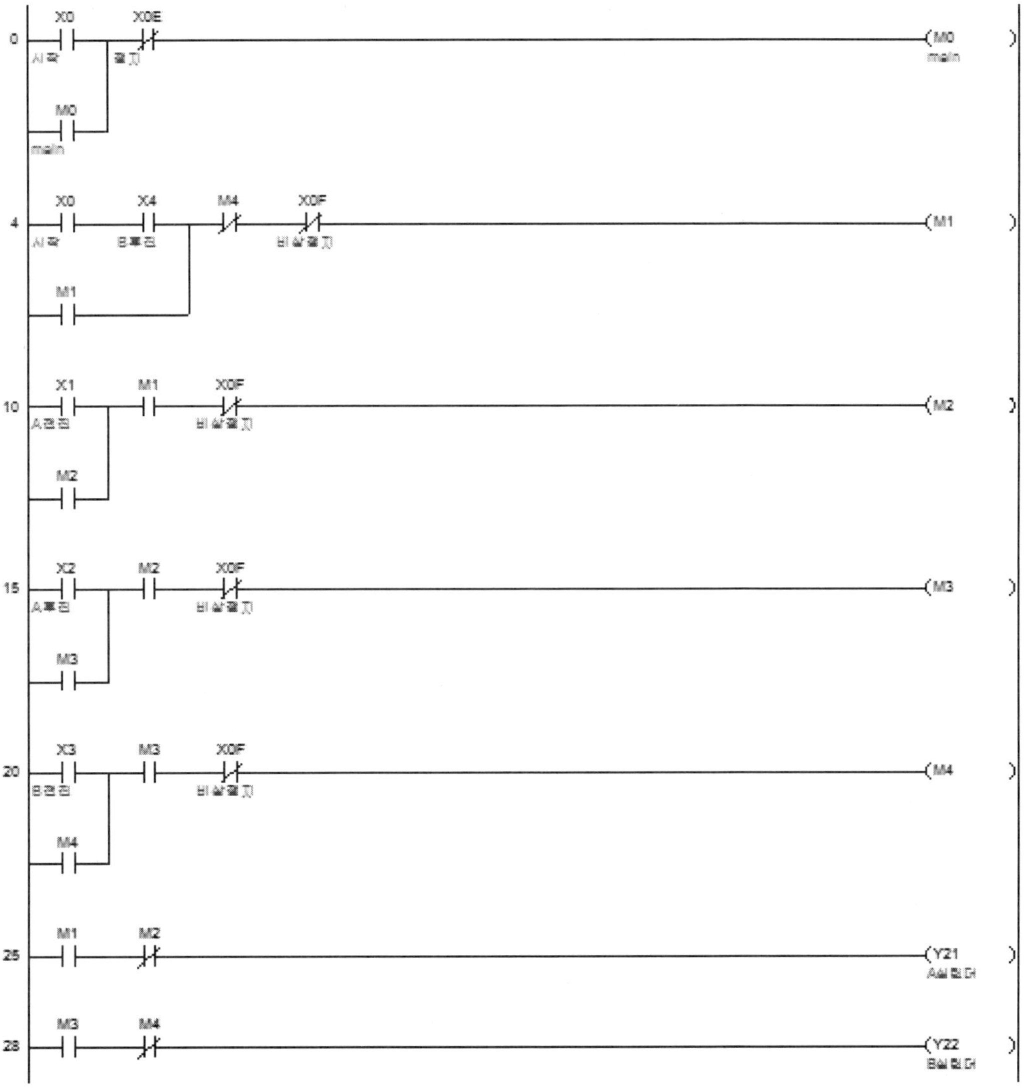

프로그램 설명

연속작업 중에 정지 버튼을 누르면, 마지막 공정까지 진행이 된 후에 시스템이 정지됨을 알 수가 있다.

### 5) 스텝운전

스텝들이 연속적으로 진행되는 시스템에서 에러를 찾기가 매우 힘들다. 프로그램 에러, 접점을 잘못 연결 및 접촉 불량 등 여러 가지의 에러 변수들이 많기 때문이다. 그래서 제일 먼저 자동화 프로그램을 작성 시 이와 같은 스텝별로 동작시키면서 에러를 찾고 수정하는 것이 편리하다.

**예제** 14 A 실린더 전진 완료 후에 후진하고, 후진 완료 후에 B 실린더가 전진한다. 전진 완료 후에 후진하는 과정을 반복하는 프로그램을 스텝별로 진행하도록 프로그램을 작성하여라.

### 프로그램

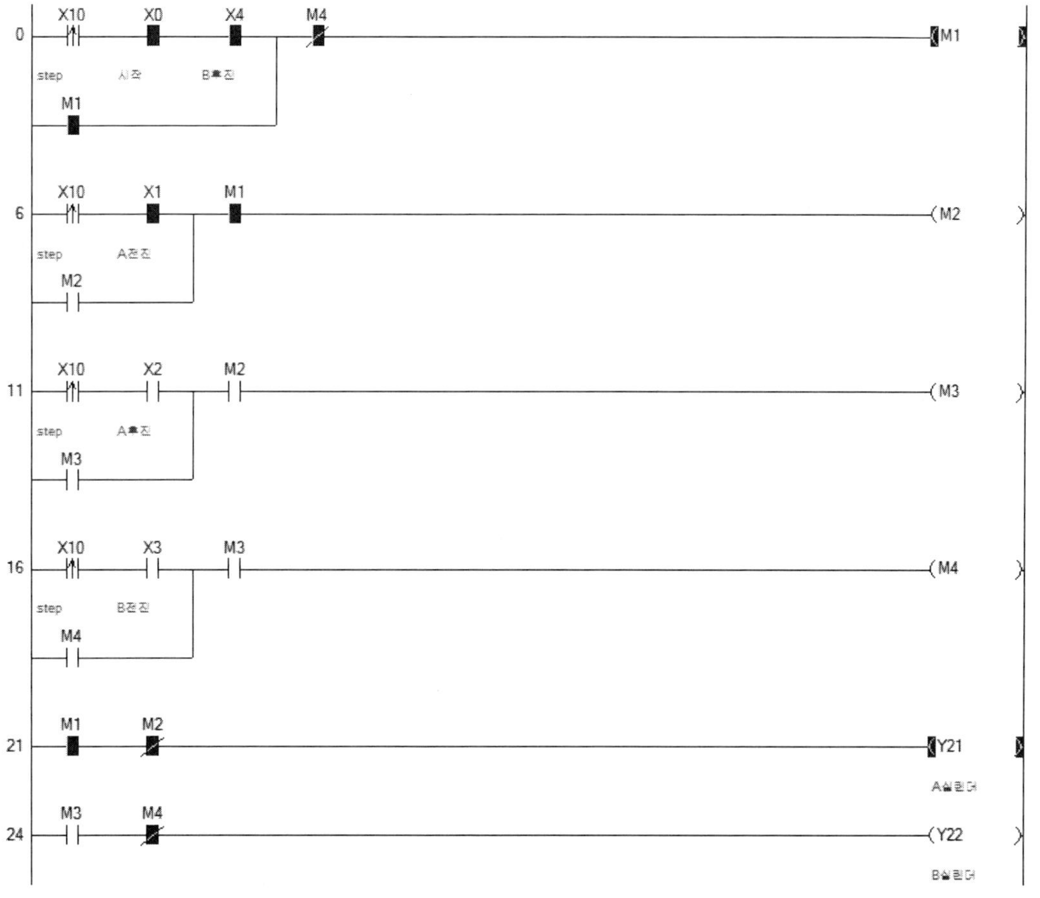


### 프로그램 설명

X10 접점은 Off에서 On될 때 한 스캔 On되는 접점이다. X10은 스텝0,6,11,16 동시에 들어와도, 스텝6이 있는 라인은 모두 On되어 있기에 실행이 되지만, 스텝11이나 16이 있는 Off된 접점이 있어서 실행이 안 된다. 정리하면, 스텝퍼 방식에서 다음 단계를 준비하고 있기 때문에 현 작업의 진행완료 신호가 다음 작업을 연속적으로 진행시킨다. 그러나 조건에 스텝이란 하나의 접점이 있기 때문에, 다른 접점들은 준비가 되어 있어도 스텝 접점이 들어와야 진행이 된다. 다른 스텝들은 접점준비가 다 안 되어 있기 때문에 단계별로 한 단계씩 진행이 된다.

# Chapter 7
# 시퀀스 제어 실습

## 시퀀스실습 1 한 개의 실린더의 1회 전 · 후진 동작

실린더 전 · 후진 동작이 시작 스위치를 입력 할 때마다 1회 동작되는 프로그램을 작성하여라.

표 7.1 IO 할당표

| 입 력 신 호 | | 출 력 신 호 | |
|---|---|---|---|
| 시 작 | X0 | A솔 전진신호 | Y21 |
| A실린더 전진완료 | X1 | | |
| A실린더 후진완료 | X2 | | |

### 프로그램

### 프로그램 설명

① 시작신호인 X0을 On하면 M0가 자기유지가 되면서 실린더가 전진을 한다.

② 전진완료가 되면 B접점인 전진완료 신호가 Off되기 때문에 후진을 한다.

③ 편 솔레노이드이기 때문에 M0가 Off되면 바로 후진을 한다.

④ 만약 시작신호인 X0을 계속 On하고 있으면, 후진하려다 바로 전진을 하고, 다시 후진하는 동작을 계속하는 채터링 현상을 일으킨다.

### 시스템 점검

① 압축공기를 공급 하지 않는 상태에서 손으로 실린더를 전 · 후진시키면서 센서를 점검한다.

② 압축공기를 공급한 후에 실린더의 전 · 후진 상태를 확인하여 솔레노이드를 점검한다.

③ 정상동작이 일어나지 않는 경우에는 배선 및 기타 문제를 해결한다.

# 시퀀스실습 2 한 개의 실린더의 전 · 후진 연속동작

실린더 전·후진 동작이 시작 스위치에 의해 연속 동작을 하고 정지 스위치에 의해 정지하는 프로그램을 작성하여라.

## 프로그램

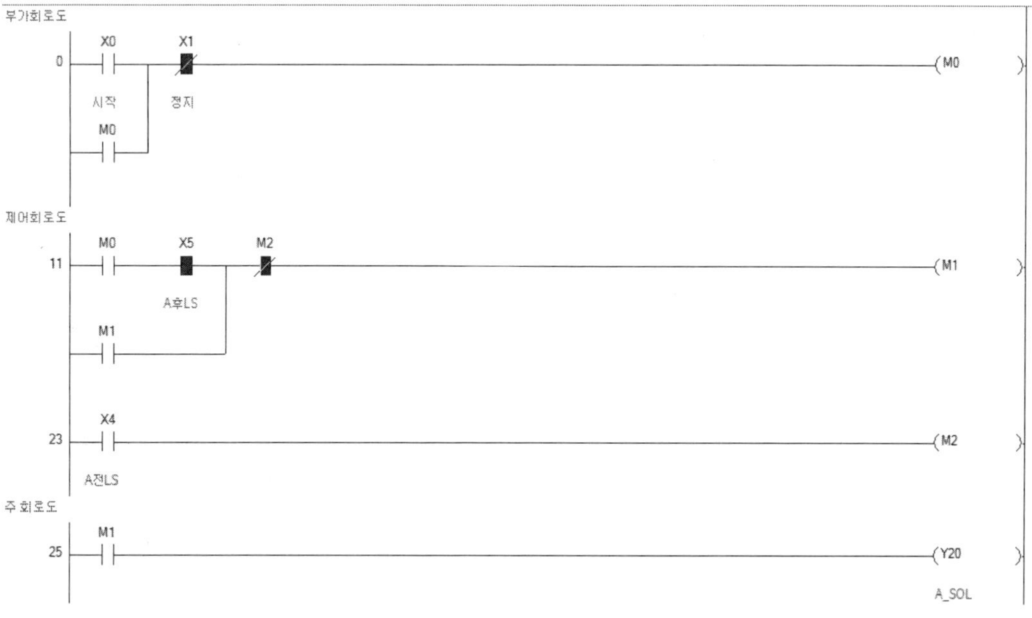


## 프로그램 설명

① 회로도를 제어회로도에 부가조건을 추가하기 위한 부가회로도, 주회로도를 제어하기 위한 제어회로도, 실린더의 동작을 직접 지시하는 주회로도 등으로 구분하였다.

② 연속동작을 하기 때문에 시작과 정지 신호가 필요한데, 이 신호들을 부가회로도에서 작성한다. 시작신호 X0을 On하면 M0에 의해 자기유지가 된다. 정지신호의 경우, B접점으로 된 X1 신호를 On하면 자기유지가 해제되며 정지한다. 부가회로도의 M0가 On되면 시스템은 자동화를 시작하고, Off되면 자동화를 멈춘다.

③ 제어회로도의 초기상태는 A실린더가 후진이 되어 있다. 따라서 M0가 On되면서 A실린더가 전진을 하게 된다. 전진이 되면 A전LS가 On되면서 스텝14의 B접점 M2가 On되고, 순차적으로 M1과 M2가 Off된다. 또한 주회로도에서 M2의 작업인 실린더 후진을 하게 된다. 후진이 되면 A후LS가 다시 On되고, 부가화로도의 M0가 On되어있기에 연속작업을 하게 된다.

## 시퀀스실습 3 타이머에 의해 후진동작 지연

실린더 후진을 타이머에 의해 지연시키는 프로그램을 작성하여라.

### 프로그램

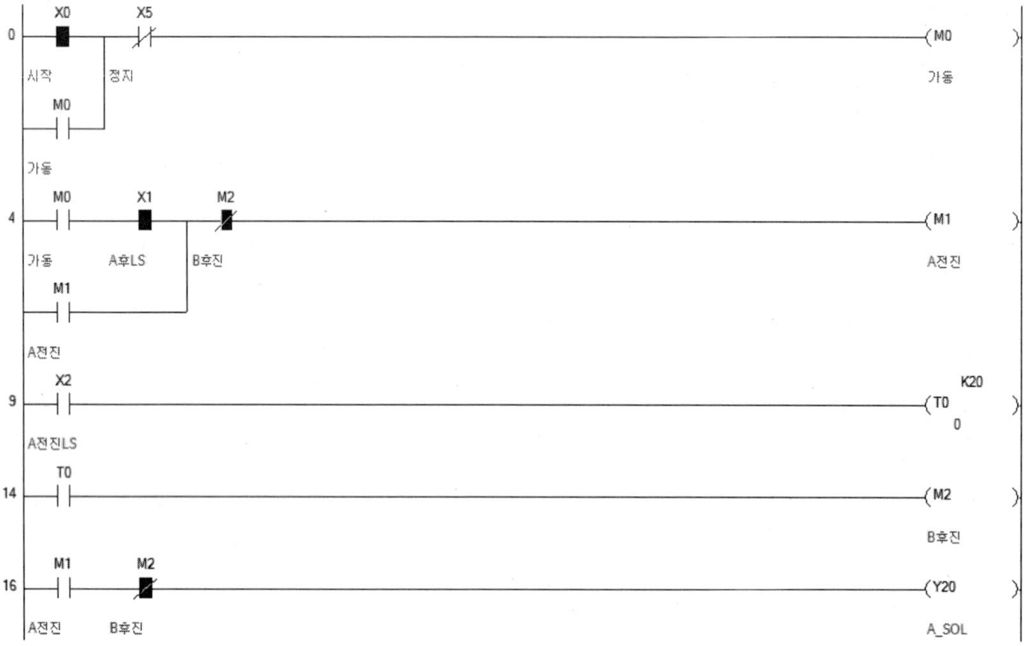


### 프로그램 설명

① 시스템 가동신호인 M0가 On되면 전진 신호인 M1이 On되면서 자기유지가 되고, 실린더를 전진시키기 위하여 Y20을 On시킨다.

② 실린더가 전진을 완료하여 X2(A전LS)가 On되면, On지연 타이머가 작동하여 2초 후에 M2(후진)을 On시킨다. 접점17에서 M2는 B접점이기에 편 솔레노이드를 Off시켜 실린더를 후진시킨다.

③ 후진 완료가 되면, 다시 전진을 시작하고, 정지시호인 X5에 신호를 줄 때까지 연속작업을 한다.

## 시퀀스실습 4 일정 횟수 동작 후에 정지

실린더 동작 횟수를 지정하는 프로그램을 작성하여라.

### 프로그램

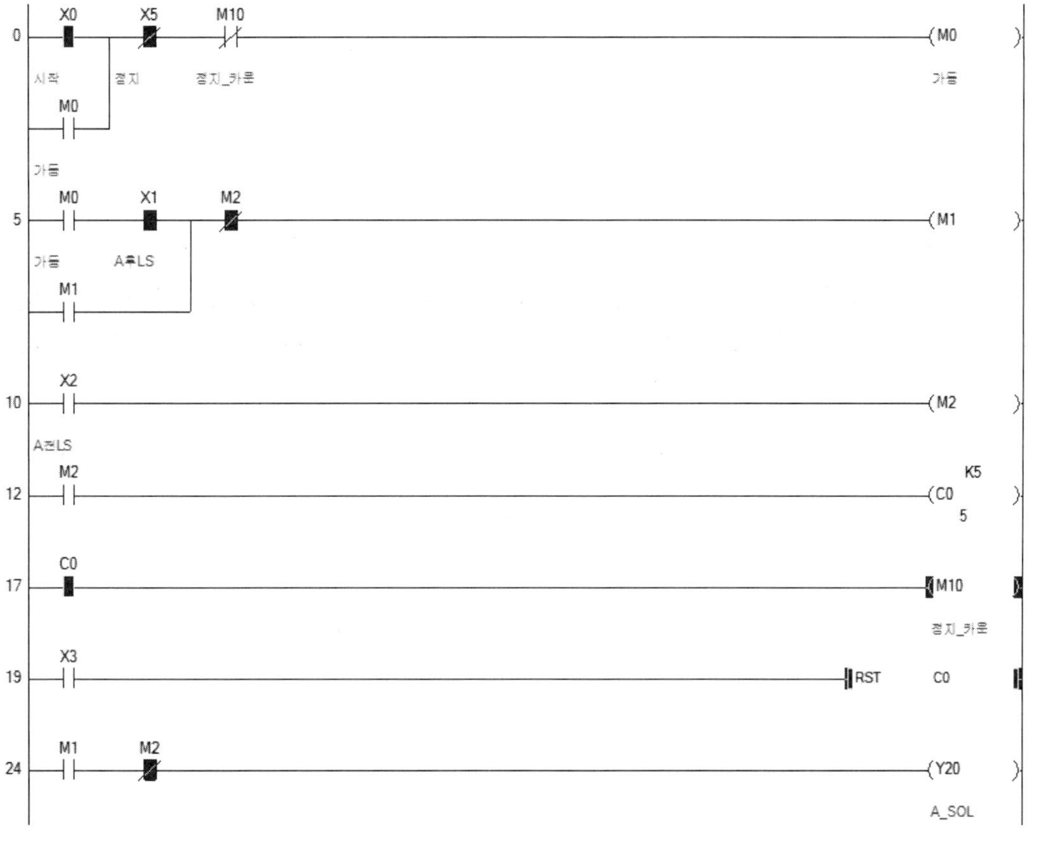


### 프로그램 설명

① 카운터 C0는 접점10에서 전진완료 신호가 On되는 것을 계수한다.

② 현재 값이 5가 되면 C0가 On되면서 정지-카운터인 M10가 On된다. 이 신호에 의해 스텝3에 있는 B접점이 단락이 되어 시스템을 정지시킨다.

③ 스텝19에서 카운터 C0를 리셋 시켜서 카운터 메모리를 초기화시켜야 다시 카운터를 사용할 수 있다.

# 시퀀스실습 5 두 개의 실린더 수동제어(편솔)

편 솔레노이드로 구성된 두 개의 실린더를 수동제어 하는 프로그램을 작성하여라.

## 프로그램

### 프로그램 설명

- 시스템이 편 솔레노이드로 구성이 되었기에 X1을 On하면 전진을 하고, Off하면 후진을 한다.
- 편 솔레노이드로 구성되어 있기에, 전진과 후진을 한 개의 스위치로 동작시킬 수가 있다.

# 시퀀스실습 6 두 개의 실린더 수동제어(양솔)

양 솔레노이드로 구성된 두 개의 실린더를 수동제어 하는 프로그램을 작성하여라.

## 프로그램

### 프로그램 설명

- 시스템이 양 솔레노이드로 구성이 되었기에 전진과 후진하는 스위치가 필요하다.
- 두 개의 실린더이기에 4개의 스위치가 필요하다.
- 프로그램에서 B접점을 삽입한 것은 반대 신호가 On되어 있는 경우에, 이 신호를 끊어 주기 위함이다.

## 시퀀스실습 7 두 개의 실린더의 1회 자동 동작(편솔)

두 개의 실린더의 전진 후진을 1회 자동으로 동작하는 프로그램을 작성하여라.

### 프로그램

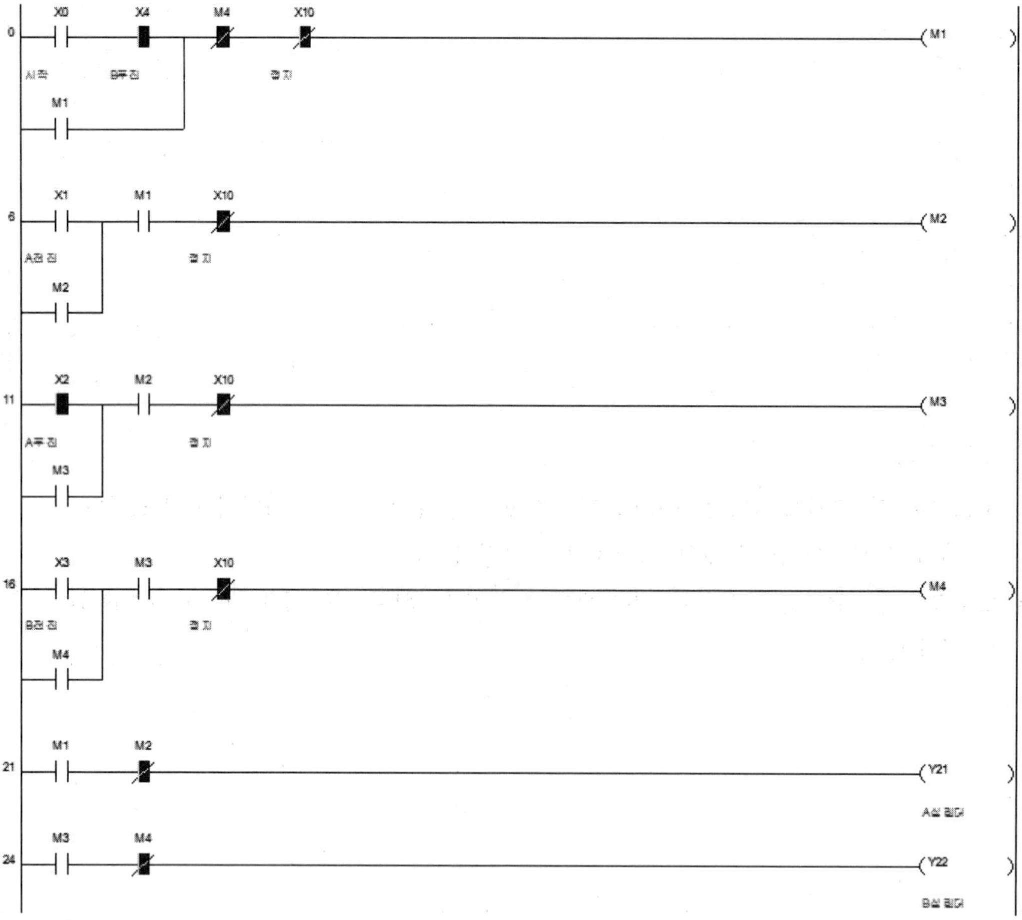


### 프로그램 설명

시작하기 전에 두 개의 후진 신호인 X2와 X4가 On되어 있는지를 확인한다.

- 시작 버튼을 On 시켰다가 Off 시키면 한 공정을 마친 후에 시스템이 정지된다.
- 시작 버튼을 계속 On시켜 놓으면 시스템은 연속 동작을 한다.
- 정지(X10)는 시스템을 정지시키는 스위치이다.

## 시퀀스실습 8 두 개의 양솔 실린더 자동 동작

두 개의 양 솔레노이드 실린더의 A+A-B+B- 시퀀스를 자동으로 동작하는 프로그램을 작성하여라.

### 프로그램

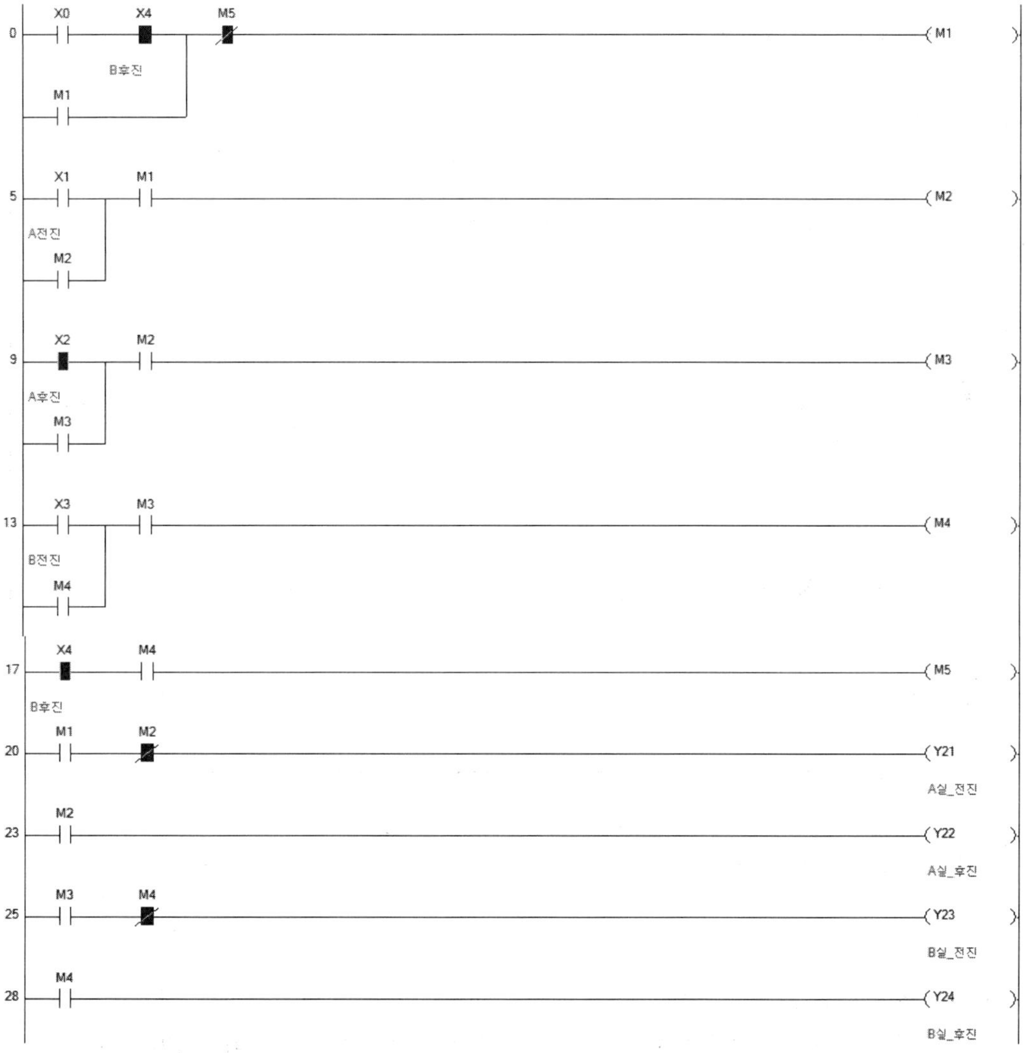


### 프로그램 설명

더미(Dummy)라인인 스텝17 라인이 추가되지 않으면 마지막 스텝인 B 실린더 후진이 되지 않는다.

## 시퀀스실습 9 비상정지(원위치 후 정지) (편솔)

비상정지 버튼을 누르면 현 스텝에서 원위치가 되면서 정지되는 프로그램을 작성하여라.

### 프로그램

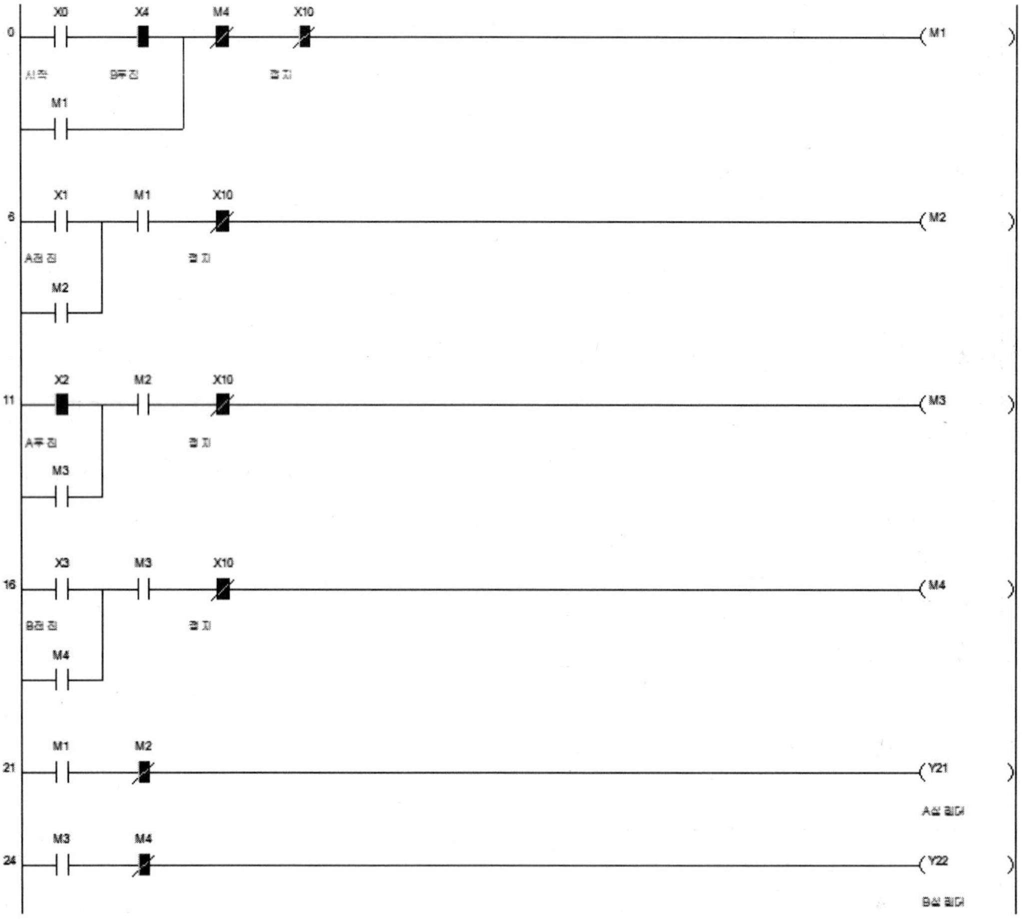


### 프로그램 설명

비상정지를 누르면, 현 작업에서 정지가 되면서 실린더는 편 솔레노이드이기 때문에 원위치로 가서 정지함을 알 수 있다. 비상정지를 해지하면 처음 작업서부터 진행됨을 알 수 있다.

## 시퀀스실습 10 비상정지(공정 종료 후 정지) (편솔)

비상정지 버튼을 누르면 현 스텝에서 원위치가 되면서 정지되는 프로그램과 달리 한 공정이 모두 진행된 후에 정지되는 프로그램을 작성하여라.

### 프로그램

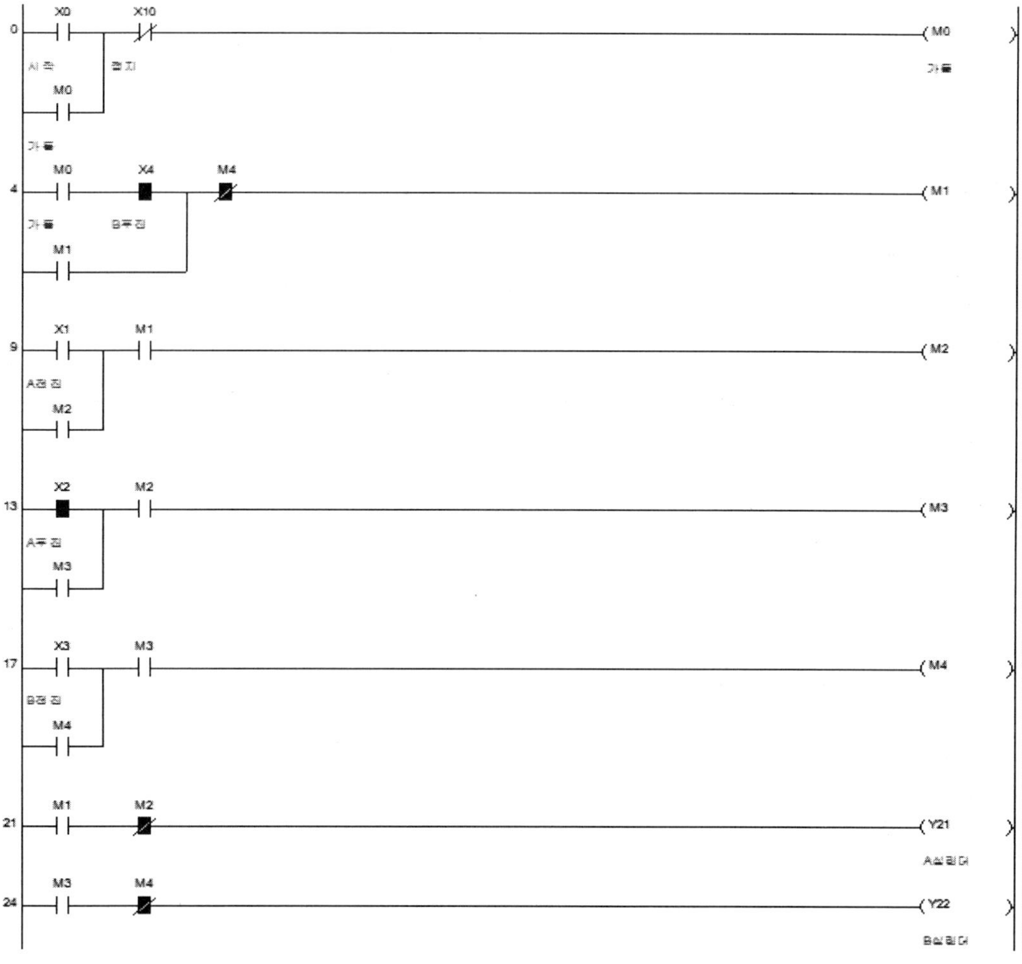


### 프로그램 설명

정지를 누르면 자기유지가 되었던 M0을 Off 시키기 때문에, 작업이 한 공정이 지나면 첫 공정에서 정지됨을 알 수 있다.

## 시퀀스실습 11 연속운전에서 한 스텝 씩 운전

스텝들이 연속적으로 진행되는 시스템에서는 에러를 찾기가 매우 힘들다. 프로그램 에러, 접점을 잘못 연결 및 접촉 불량 등 여러 가지의 에러 변수들이 많기 때문이다. 그래서 제일 먼저 자동화 프로그램을 작성 시 이와 같은 스텝별로 동작시키면서 에러를 찾고 수정하는 것이 편리하다.

연속시스템에서 한 스텝씩 동작되도록 프로그램 하여라.

### 프로그램

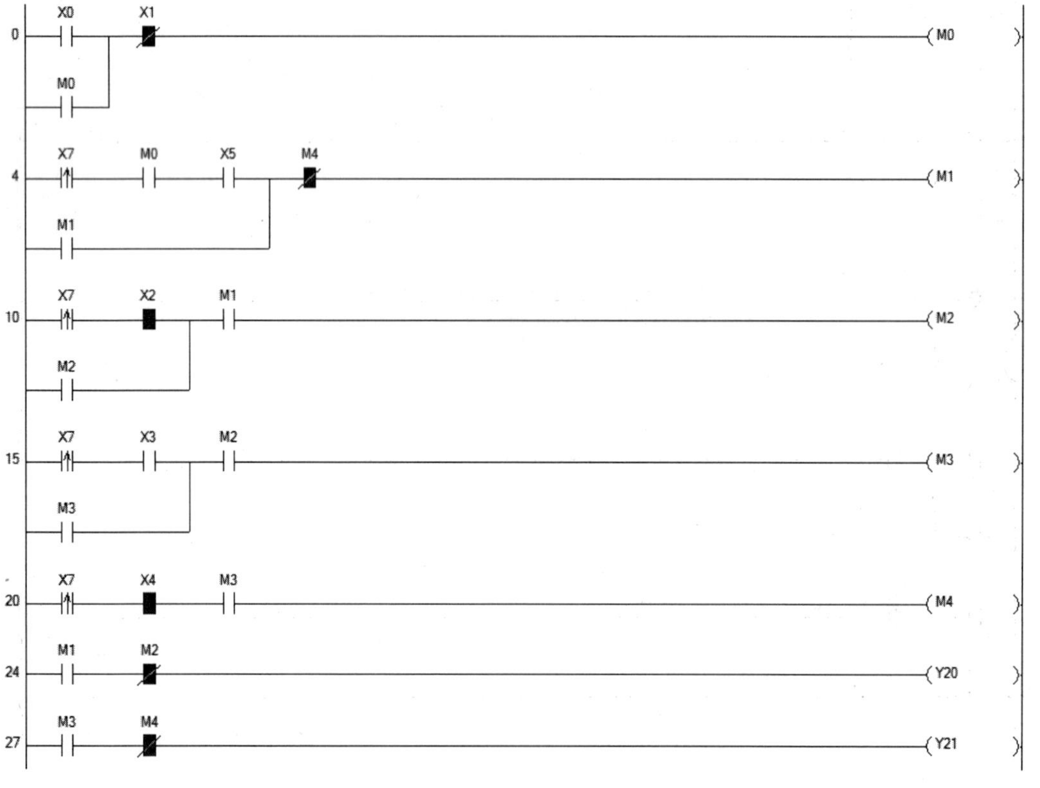

### 프로그램 설명

비상정지를 누르면 원위치하면서 정지하고, 정지 버튼을 누르면 한 공정 후에 정지한다. 스텝운전 버튼을 누르면, 한 스텝만 진행이 된 후에 멈추는데, 한 펄스의 신호가 들어와도 실행이 되는 라인에 있는 코일이 On되기 때문이다. 현 공정이 다음 공정을 준비하기 때문에, 순차적으로 동작하는 것이다.

# 시퀀스실습 12 편 솔레노이드가 마지막 스텝인 경우

본 시스템은 양 솔레노이드와 편 솔레노이드가 혼합된 시스템이다. 편 솔레노이드는 스프링 리턴이 되기 때문에 전원이 차단되면 바로 후진한다. 그러나 양 솔레노이드는 반대편의 신호가 오기 전까지는 현 상태가 유지되는 것이 다르다.

A+A-B+B- 시퀀스가 연속동작하게 프로그램 하여라. 여기서 A가 양 솔레노이드이다.

## 프로그램

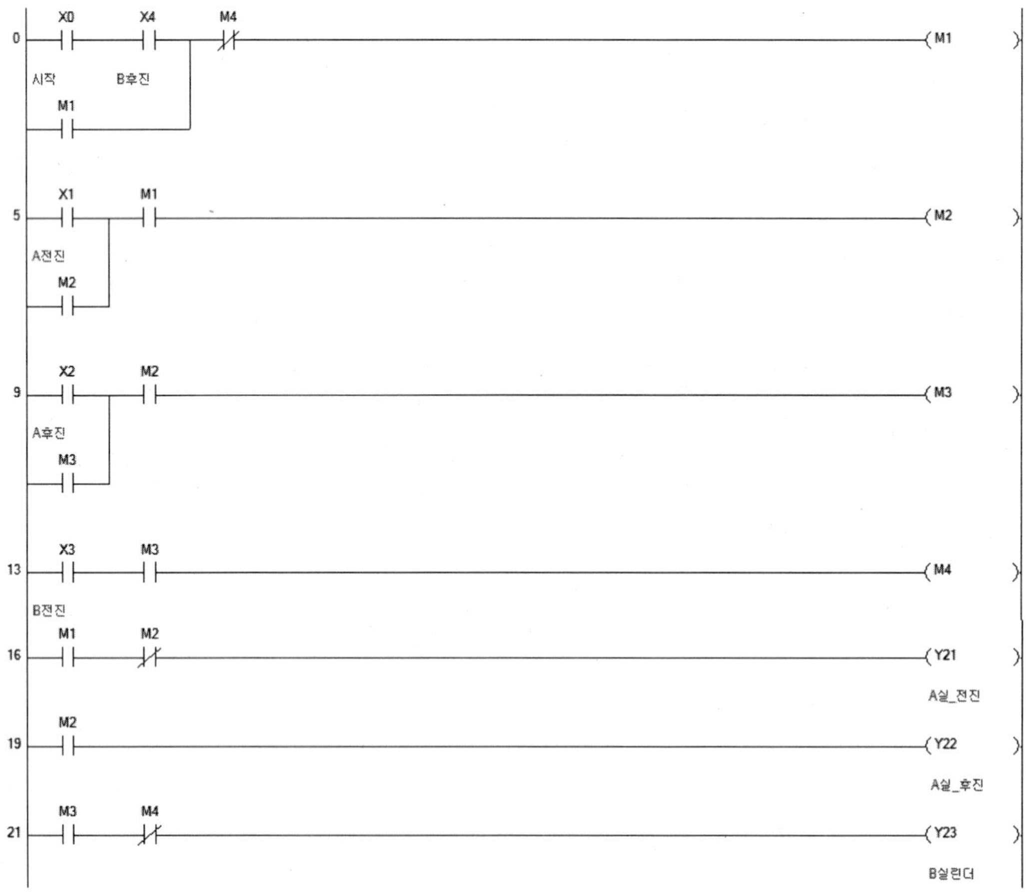

### 프로그램 해석

① 제어회로도는 편 솔레노이드 규칙성에 따라 프로그램하면 된다.

② 주 회로도에서는 양 솔레노이드가 메모리 기능이 있다. 그렇기 때문에, 후진 시에는 스텝 16 라인에서 M1가 On되어 있어 불가능하다. 따라서 B접점 M4로 Y22를 Off시켜야 한다.

## 시퀀스실습 13 양 솔레노이드가 마지막 스텝인 경우

A+A-B+B- 시퀀스가 연속동작하게 프로그램 하여라. 여기서 B가 양 솔레노이드이다.

### 프로그램

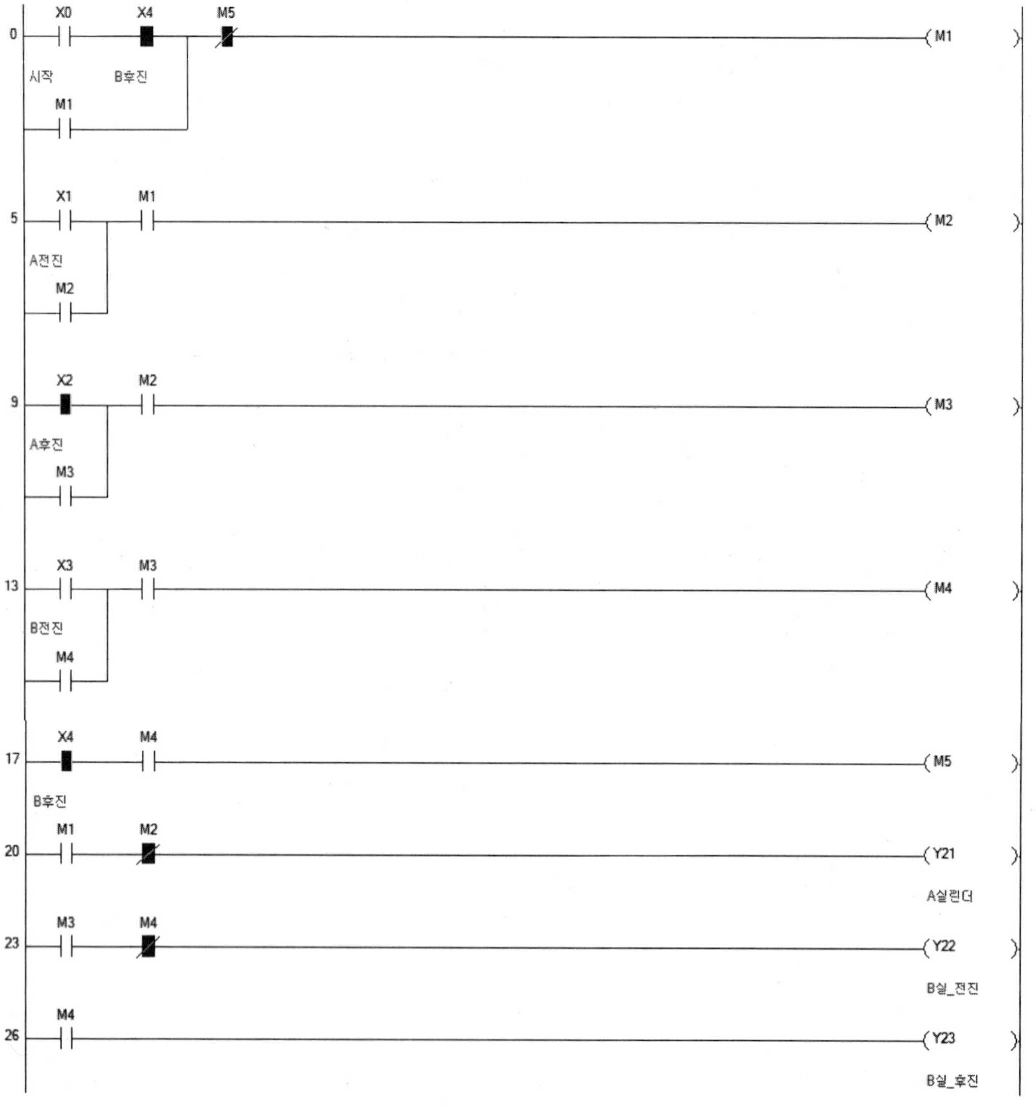

프로그램 해석

① 제어회로도는 맨 마지막에 스텝17 라인과 같이 더미(dummy) 라인을 추가해야만 마지막 스텝의 출력이 나온다.

② 주 회로도에서는 양 솔레노이드가 메모리 기능이 있기 때문에 이를 고려하여 프로그램하면 된다.

# Chapter 8
# 서보모터에 대한 위치제어

## 8.1 서보기구란

서보기구는 **"물체의 위치, 방위, 자세 등의 변위를 제어량으로 하고 목표의 임의 변화에 추종하도록 구성된 제어계"**로 지령부에서 목표값(위치, 속도 등)이 입력되면 현재값(위치, 속도 등)을 검출하여 목표 값과 비교하여 항상 그 차이가 적도록 제어하는 폐회로 제어계(Closed Loop Control System)이다.

## 8.2 서보시스템 구성

서보기구를 구성하는 요소는 구동 앰프(AC 서보 앰프), 구동 모터(AC 서보 모터), 검출기(엔코더)이다. 이 기구의 상위제어기는 Melsec PLC QD75위치제어모듈로, 서보모터 드라이브인 MR-J4에 지령을 보내는 방식으로 구성되어 있다.

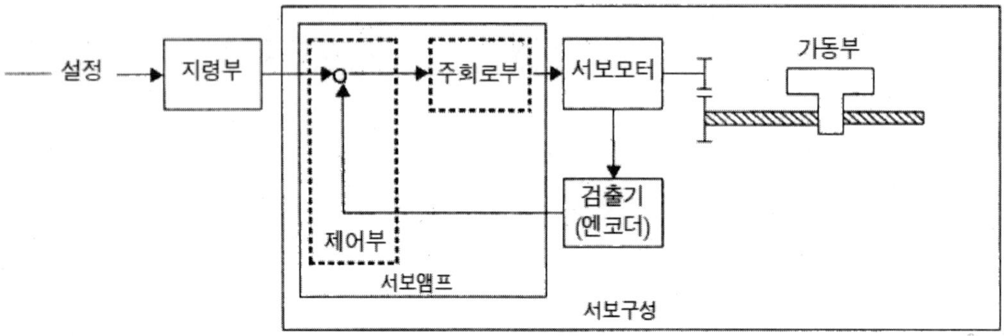


**그림 8.1 서보 시스템 구성도**

소프트웨어는 MR Configurator2로 서보모터 드라이브인 MR-J4의 파라미터를 기입하였고, 배선 확인을 위한 조그운전 및 1회전 펄스수로 전자기어비를 확인하였다. GX Works2로 상위 제어기인 QD75에 파라미터 기입, 배선확인을 위한 조그운전, 프로그램 작성 및 기동을 하였다.

## 8.3 서보모터 제어부

서보모터로 제어하기 위해서는 서보모터 드라이브와 주변장치간의 인터페이스가 연결되어져야 하고, 요구되는 파라미터가 정확히 기입되어야 한다. 그 후 인터페이스와 기입된 파라미터가 정당한지를 반드시 확인하여야 한다. 본 장에서는 MR-Configurator2로 파라미터 기입, 테스트 운전으로 배선확인 및 1회전당 지령 입력 펄스수에 의한 1회전을 하는지 확인하는 절차를 소개하겠다.

### 8.3.1 서보 드라이브 파라미터 기입

① Servo Drive 인 J4와 컴퓨터 USB 단자를 연결시킨다.

② Servo를 On한 상태에서 MR-Configurator2 실행하면 드라이버에 있는 파라미터를 읽어올 수 있다.

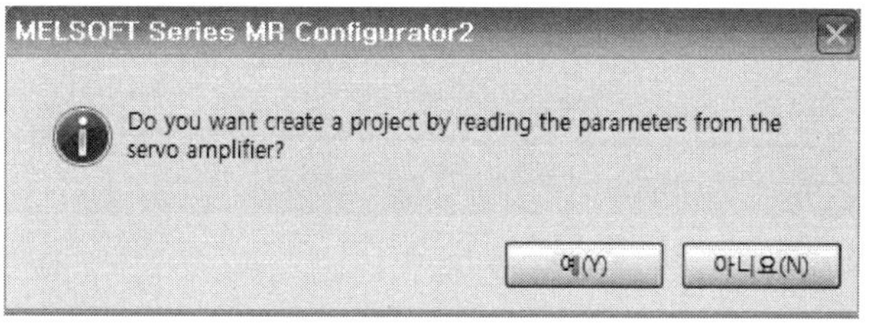


③ 좌측상단 파라미터를 클릭하면 다음과 같이 파라미터를 설정할 수 있는 화면이 나온다.

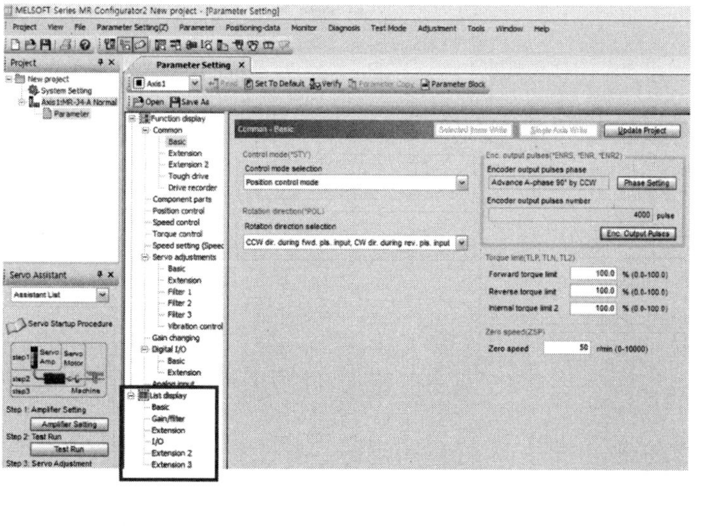

J4 파라미터 그룹은 다음과 같다.

ⓐ 기본 파라미터(PA□□)

위치제어 모드로 사용하는 경우, 기본적으로 설정

ⓑ 게인 필터 파라미터(PB□□)

매뉴얼로 게인을 조정하는 경우에 사용

ⓒ 확장설정 파라미터(PC□□)

서보 앰프를 속도제어 모드, 토크제어 모드로 사용하는 경우에 사용

ⓓ 입출력 설정 파라미터(PD□□)

서보 앰프의 입출력 신호를 변경하는 경우에 사용

④ 1축 서보모터 위치제어를 위한 기본 파라미터는 다음과 같다.

**표 8.1 1축 서보모터 위치제어를 위한 기본 파라미터**

| No. | 약칭 | 명 칭 | 초기값 | 설정값 및 단위 |
|---|---|---|---|---|
| PA01 | *STY | 운전 모드 | 1000h | 위치제어모드 |
| PA02 | *REG | 회생 옵션 | 0000h | |
| PA03 | *ABS | 절대위치 검출 시스템 | 0000h | |
| PA04 | *AOP1 | 기능 선택A-1 | 2000h | |
| PA05 | *FBP | 1회전당 지령 입력 펄스수 | 10000 | 10000 |
| PA06 | *CMX | 전자기어분자 | 1 | 262144 |
| PA07 | *CDV | 전자기어분모 | 1 | 625 |
| PA08 | ATU | 오토튜닝 모드 | 0001h | |
| PA09 | RSP | 오토튜닝 응답성 | 16 | |
| PA10 | INP | 인포지션 범위 | 100 | [pulse] |
| PA11 | TLP | 정전 토크 제한 | 100.0 | [%] |
| PA12 | TLN | 역전 토크 제한 | 100.0 | [%] |
| PA13 | *PLSS | 지령펄스 입력 형태 | 0100h | |
| PA14 | *POL | 회전 방향 선택/이동 방향 선택 | 0 | |
| PA15 | *ENR | 엔코더 출력 펄스 | 4000 | [pulse/rev] |
| PA16 | *ENR2 | 엔코더 출력 펄스 2 | 1 | |
| PA17 | *MSR | 서보모터 시리즈 설정 | 0000h | |
| PA18 | *MTY | 서보모터 타입 설정 | 0000h | |
| PA19 | *BLK | 파라미터 쓰기 금지 | 00AAh | |
| PA20 | *TDS | 터프 드라이브 설정 | 0000h | [%] |
| PA21 | *AOP3 | 기능 선택 A-3 | 0001h | 0001 |
| PA22 | | 메이커 설정용 | 0000h | |
| PA23 | DRAT | 드라이브 레코더 임의 알람 트리거 설정 | 0000h | |
| PA24 | AOP4 | 기능 선택 A-4 | 0000h | |
| PA25 | OTHOV | 원터치 조정 오버슈트 허용 레벨 | 0 | [%] |
| PA26 | *AOP | 기능 선택 A-5 | 0000h | |
| PA27~32 | | 메이커 설정용 | 0000h | |

이중에서 주요 파라미터만 설명하면 다음과 같다. *참조 : MR-J4-_A(-RJ) 서보앰프 기술자료집

ⓐ PA01(제어모드 선택;1000h)

- _ x _ _ 와 x _ _ _ 는 메이커 설정
- _ _ x _ (운전모드 선택)

  0 : 표준 제어 모드

  1 : 풀 클로즈드 제어 모드

  4 : 리니어 서보모터 제어 모드

  6 : DD모터 제어 모드
- _ _ _ x (제어 모드를 선택)

  0 : 위치제어 모드

  1 : 위치제어 모드와 속도제어 모드

  2 : 속도제어 모드

  3 : 속도제어 모드와 토크제어 모드

  4 : 토크제어 모드

  5 : 토크제어 모드와 위치제어 모드

따라서 1000h은 표준제어의 위치제어모드를 선택한 것이다.

ⓑ PA05(1회전당 지령 입력 펄스수;10000)

설정된 지령 입력 펄스로 서보모터가 1회전하는데, 범위는 1000~1000000 이다. 이때, 전자기어비나 1회전당 지령 입력 펄스수를 선택할 수 있는 파라미터인 PA21를 1000h로 선택하면 이 파라미터의 설정 값이 유효하게 된다. 참고로 PA21의 초기값은 000h인데, 이는 첫 번째 0은 전자기어비이고, 네 번째 1은 원터치 조정가능을 의미한다. 그러므로 본 파라미터 세팅은 전자기어비로 되어있는 것이다.

ⓒ PA06, PA07(전자기어비)

전자기어비는 "전자기어 선택"인 PA21에서 "전자기어비(0 _ _ _ )"또는"J3A 전자기어 설정값 호환 모드(2 _ _ _)"를 선택했을 경우 유효하게 된다. 전자기어의 설정 범위의 기준은 다음과 같다.

$$\frac{1}{10} < \frac{CMX}{CDV} < 4000$$

범위 외의 값을 설정하면, 가감속시에 소리가 나거나 설정한 속도 및 가감속 시정수로 운전할 수 없는 경우가 있다.

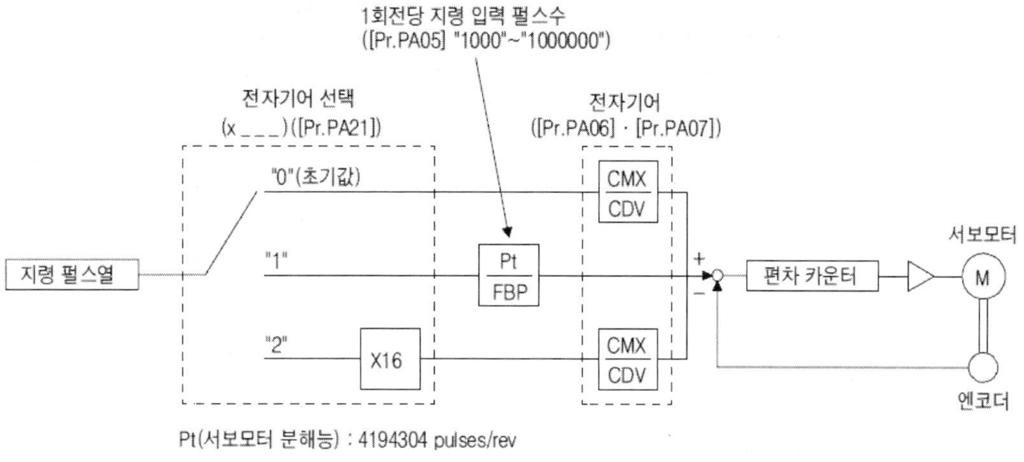


**그림 8.4 전자기어비**

전자기어의 설정은 설정오류에 의한 예기치 않는 동작을 막기 위해, 반드시 서보 OFF 상태에서 실행해야 한다.

$$\text{J4의 분해능은 4194304 이므로} \quad \text{1회전 지령 펄수수} \times \frac{CMX}{CDV} = \text{분해능}$$

$$\frac{CMX}{CDV} = \frac{4194304}{10000} = \frac{1048576}{2500} = \frac{262144}{625}$$

ⓓ PA13 (지령펄스 입력 형태 ; 0100h)

- x _ _ _ (메이커 설정용)
- _ x _ _ (지령 입력 펄스열 필터 선택)
  0 : 지령 입력 펄스열이 4Mpps 이하의 경우
  1 : 지령 입력 펄스열이 1Mpps 이하의 경우
  2 : 지령 입력 펄스열이 500kpps 이하의 경우
  3 : 지령 입력 펄스열이 200kpps 이하의 경우

"1"은 1Mpps까지의 지령에, 1Mpps ~ 4Mpps의 지령을 입력하는 경우는 "0"을 설정.

- _ _ x _ (펄스열 논리 선택(0 : 정논리, 1 : 부논리))
- _ _ _ x ( 지령 입력 펄스열 형태 선택)

**표 8.2 지령 입력 펄스열 논리 및 형태 선택**

<table>
<tr><th>설정값</th><th colspan="2">펄스열 형태</th><th>정전(정방향) 지령시</th><th>역전(역방향) 지령시</th></tr>
<tr><td>0010h</td><td rowspan="3">부논리</td><td>정전 펄스열<br>(정방향 펄스열)<br>역전 펄스열<br>(역방향 펄스열)</td><td colspan="2">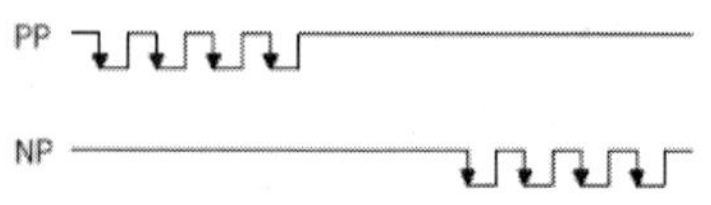</td></tr>
<tr><td>0011h</td><td>펄스열+부호</td><td colspan="2">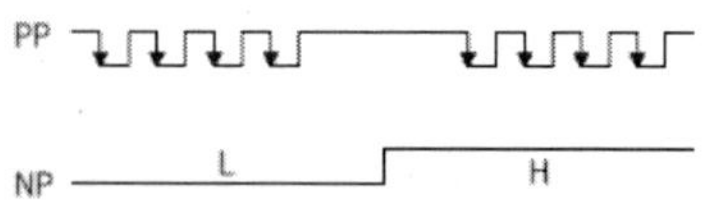</td></tr>
<tr><td>0012h</td><td>A상 펄스열<br>B상 펄스열</td><td colspan="2">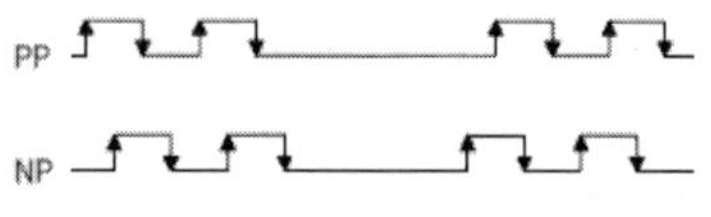</td></tr>
<tr><td>0000h</td><td rowspan="3">정논리</td><td>정전 펄스열<br>(정방향 펄스열)<br>역전 펄스열<br>(역방향 펄스열)</td><td colspan="2">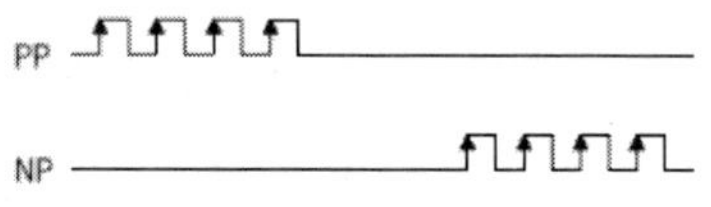</td></tr>
<tr><td>0001h</td><td>펄스열+부호</td><td colspan="2">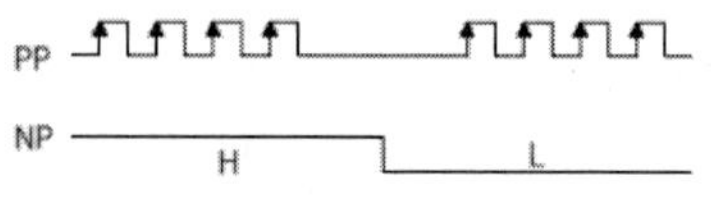</td></tr>
<tr><td>0002h</td><td>A상 펄스열<br>B상 펄스열</td><td colspan="2">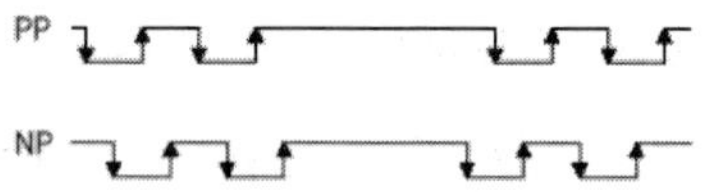</td></tr>
</table>

ⓔ PA21 (기능선택 A-3 ; 0001h)

- x _ _ _ : 전자기어 선택
  0 : 전자기어([Pr.PA06] 및 [Pr.PA07])
  1 : 1회전당의 지령 입력 펄스수([Pr.PA05])
  2 : J3A 전자기어 설정 값 호환 모드
- _ x _ _ 와 _ _ x _ 는 메이커 설정
- _ _ _ x : 원터치 조정 기능 선택

0은 무효이고, 1은 유효이다. 따라서 이 자릿수가 "0"의 경우, 원터치 조정은 실행할 수 없다.

ⓕ PA19(파라미터 쓰기 금지; 00AAh)

### 8.3.2 배선 및 전자기어비 확인

① QD75와 서보드라이브 간의 배선을 확인하기 위해서 JOG 운전을 한다. ervo를 On 한 후, 메뉴에서 TestMode → Jog Mode를 실행하면 다음 화면과 같다.

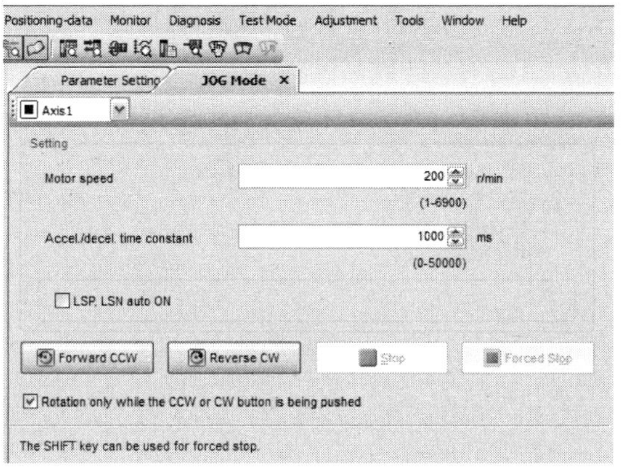

정회전과 역회전 조그가 되는지 확인하고, 만약 안 되면 배선을 체크하고 수정을 해야 한다. 한쪽 방향만 되는 경우에는 펄스열을 확인해야 한다.

② TestMode로 1회전 시킨 Pulse값과 전자기어비를 확인한다. 메뉴에서 TestMode → Posioning Mode 다음과 같은 화면이 나온다.

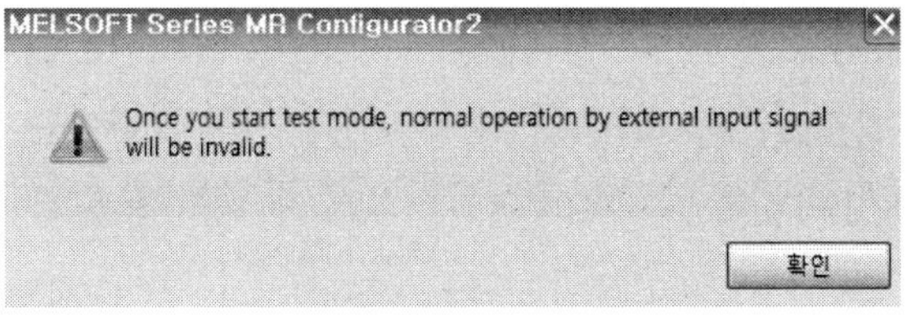

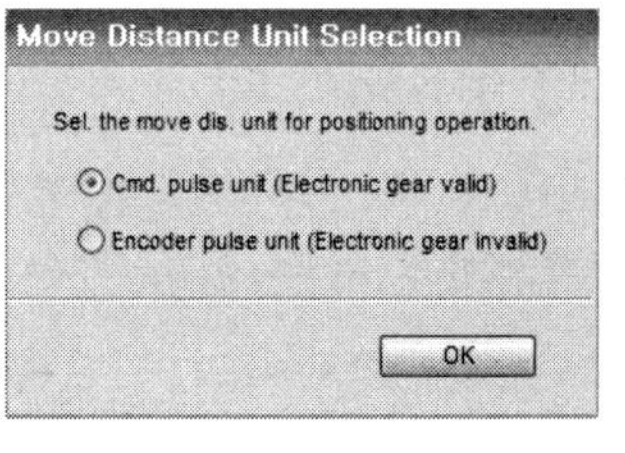

서보가 Off되어있으면 On하라는 메시지가 나온다. On시켜야 상한과 하한신호로 시스템이 손상되는 것을 막을 수 있다.

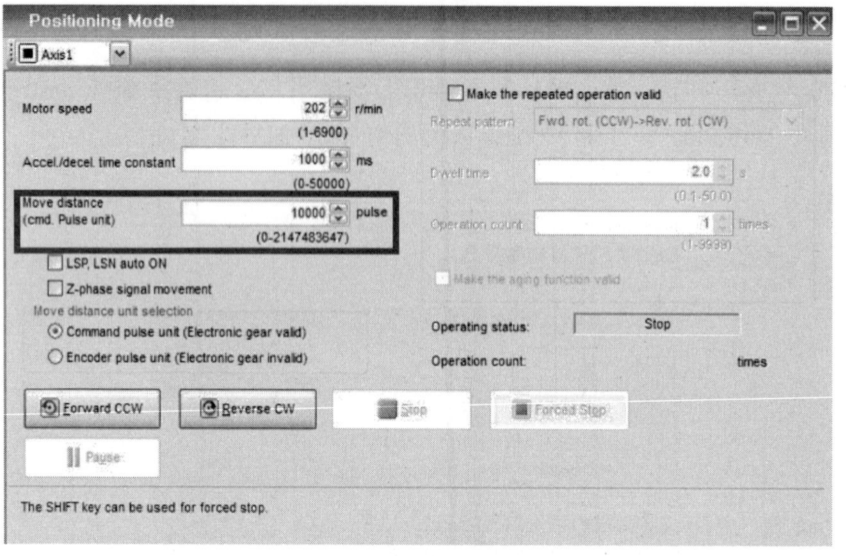


10,000 펄스를 입력한 후에 1바퀴가 움직임을 확인한다. 그 다음에 100,000펄스로 움직여 보다 정확한 회전을 확인한다.

## 8.4 위치 결정 모듈

QD75를 사용한 위치결정 제어는 "펄스신호"를 사용한다. QD75는 각종 신호와 파라미터, 데이터를 수용하고, PLC CPU의 제어로 복잡한 위치결정제어를 실현하며, 펄스신호를 이용하여 위치제어와 속도제어를 통해서 정밀한 위치제어를 실행한다. 위치 결정 모듈에는 파라미터, 위치정보, 속도 등을 입력하고, 제어순서와 시퀀스 프로그램으로 작성할 수 있는 소프트웨어인 GX Works2가 필요하다.

## 8.4.1 배선도

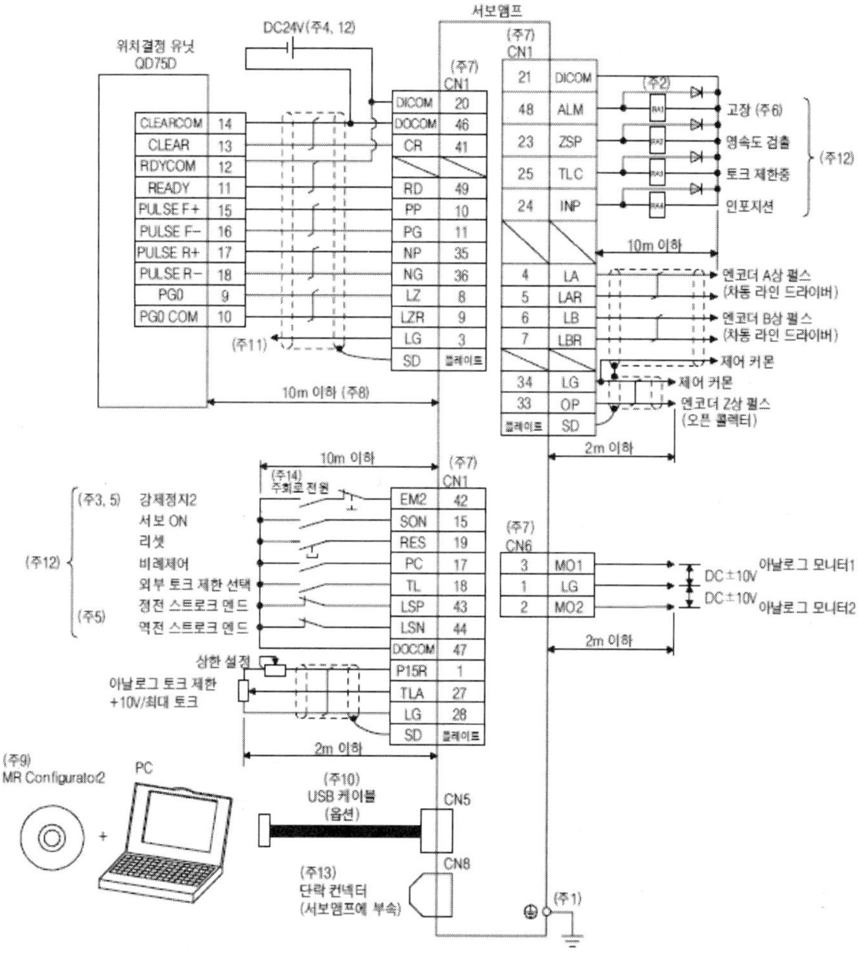

그림 8.8

## 8.4.2 GX Works2에 의한 위치결정모듈 생성 및 배선 체크

배선 확인 및 파라미터 세팅을 확인하기 위해 GX Works2를 실행시킨다.

① PLC와 PC를 UBS로 연결한 후에 GX Works2를 실행시킨다. CPU에 있는 레버를 Reset에 Run 모드로 놓는다.

② 새 프로젝트를 만들면 다음과 같은 창이 나온다. → **프로젝트 새로 만들기 Ctrl + N**

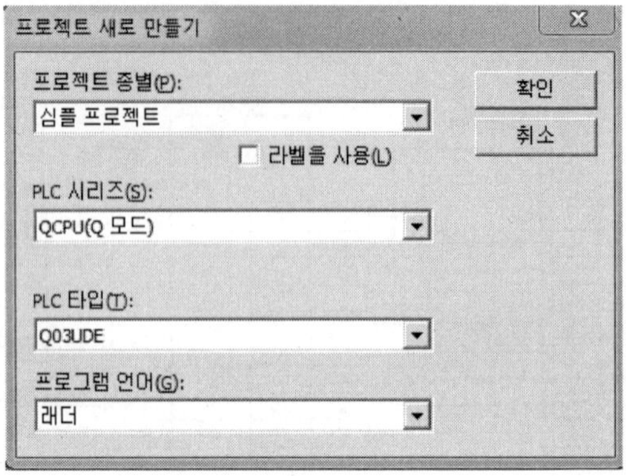


대화창에서 사용하려는 PLC 시리즈와 PLC 타입을 입력한다.

③ 내비게이션에 있는 프로젝트 트리에서 인텔리전트 기능 모듈에서 오른쪽 마우스를 클릭하여 새 모듈을 추가한다. 모듈종별에서는 QD75형 위치 결정 모듈을 선택하고, 모듈형명은 사용하는 모듈의 형명을 입력한다. 모듈이 장착된 슬롯 No.를 선택하면 다음과 같다.

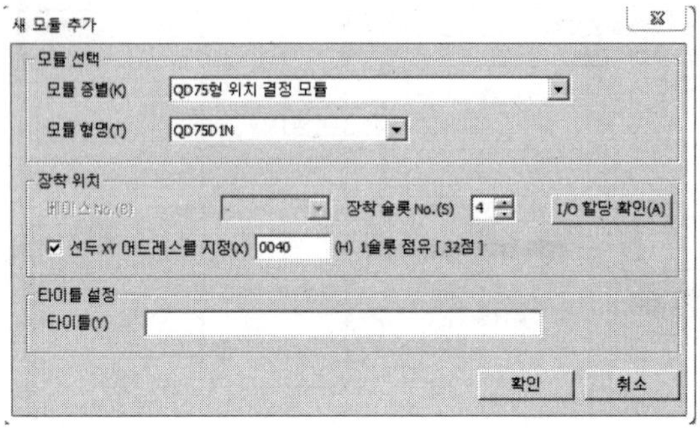


④ 도구 → 인텔리전트 기능 모듈용 도구 → QD75/LD75형 위치 결정 모듈에서 위치결정 테스트를 실행한다.

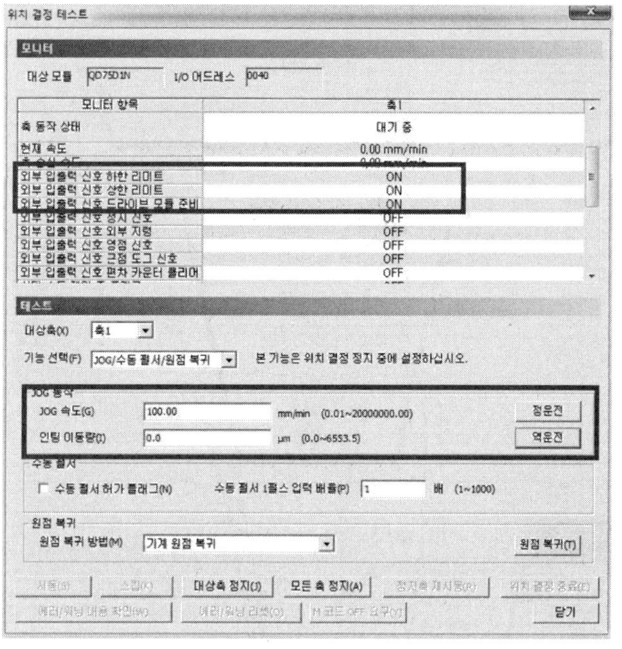

ⓐ 그림과 같이 B접점인 상한 리미트 신호와 하한 리미트 신호가 On되어 있는지를 확인하고, 드라이브 모듈 준비가 On되어 있는지를 확인한다.

ⓑ JOG 동작으로 서보드라이버와 PLC의 배선 상태를 확인한다.

### 8.4.3 PLC CPU, QD75와 서보드라이브간의 신호교환

QD75는 독립적으로 동작하지 않고 반드시 PLC CPU와 연동하여 동작하는 제어장치이다. PLC에서는 QD75를 제어하기 위해 PLC 내부의 입출력 신호를 통해서 QD75가 동작해야 할 시점에 QD75로 신호를 전달한다. 신호를 받은 QD75는 자체적으로 내장된 위치결정 데이터를 이용하여 서보 드라이브에 위치제어를 위한 펄스열을 전송한다. 위치결정이 완료되면 QD75는 PLC측으로 위치결정이 완료되었음을 나타내는 신호를 전송한다. 따라서 사용자는 QD75를 이용해서 위치결정 제어를 하기 위해 QD75에 할당되어 있는 PLC 내부의 입·출력 신호번지와 신호의 역할을 정확하게 알고 있어야 위치결정 제어 프로그램 작성이 가능하다.

① QD75와 PLC CPU 간의 신호교환

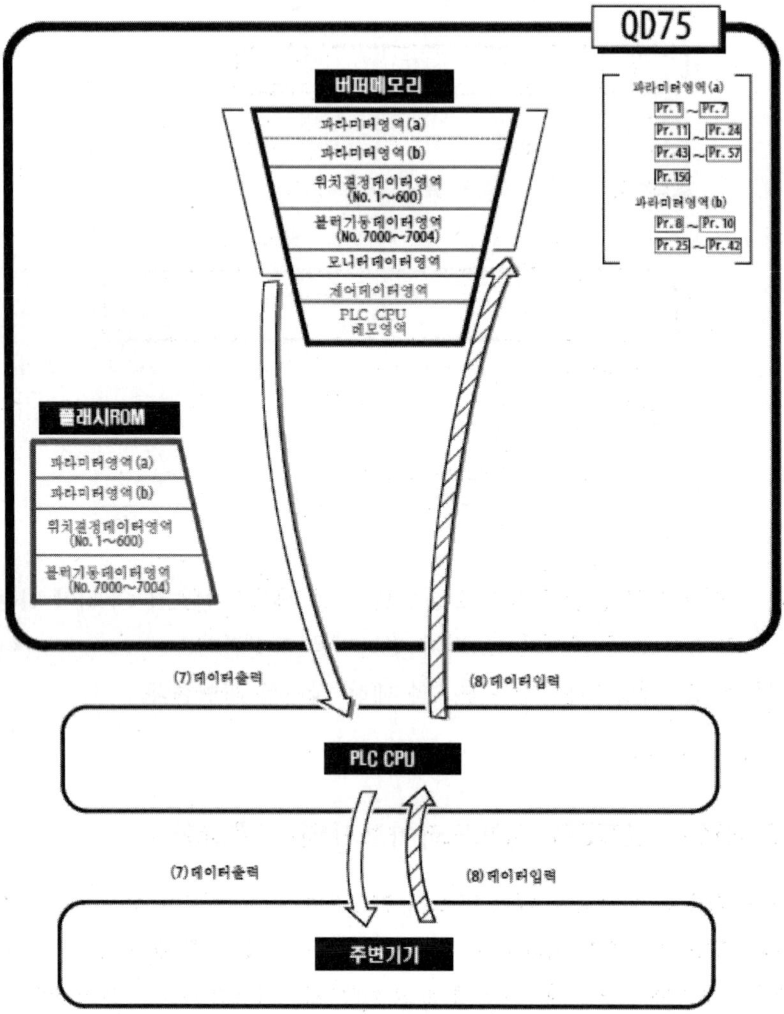


그림 8.12 신호 흐름도

② PLC CPU, QD75, 서보드라이브 간의 신호교환

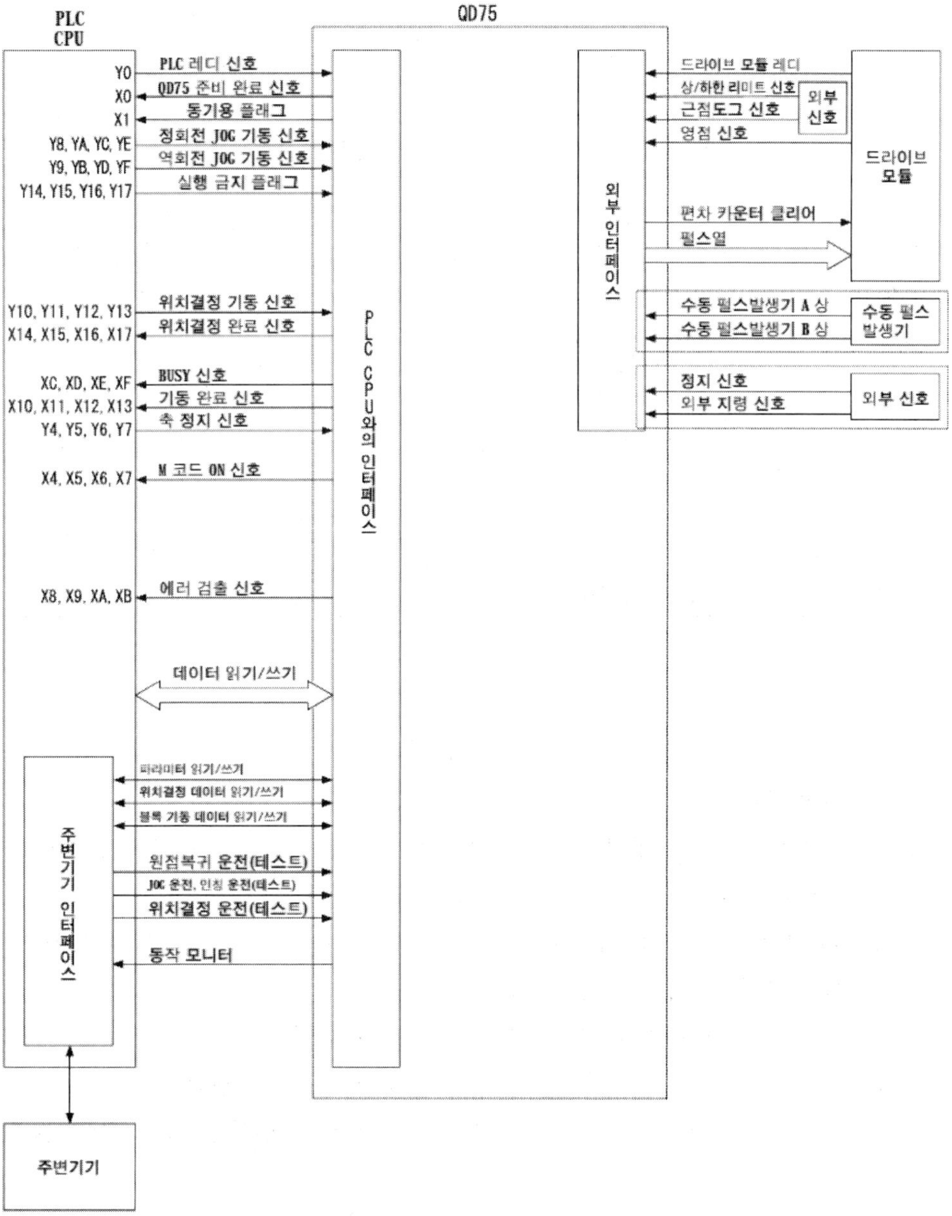


그림 8.13 신호 교환 개략도

③ PLC CPU와 QD75간의 입출력신호

아래 표는 QD75를 No. 4에 장착한 경우의 입출력 신호이다. 디바이스 X는 QD75에서 PLC CPU로 보낸 입력신호이고, 디바이스 Y는 PLC CPU에서 QD75로 보낸 출력신호이다. 이들 신호는 데이터 교신용으로 입력32점, 출력32점을 사용하고 있다.

**표 8.4 위치결정 모듈 QD75의 입출력 신호**

| 입 력 신 호 | | 출 력 신 호 | |
|---|---|---|---|
| 디바이스 No. | 신 호 명 칭 | 디바이스 No. | 신 호 명 칭 |
| X40 | QD75준비완료 | Y40 | PLC 레디 |
| X41 | 동기용 플래그 | Y44 | 축 정지 |
| X44 | M 코드 On | Y48 | 정회전 조그 기동 |
| X48 | 에러검출 | Y49 | 역회전 조그 기동 |
| X4c | BUSY | Y50 | 위치결정기동 |
| X50 | 기동완료 | Y54 | 실행금지 플래그 |
| X54 | 위치결정완료 | | |

④ 위치결정 모듈 QD75의 입력신호(PLC → QD75) 상세설명

ⓐ X40 : QD75준비완료

위치결정 모듈 QD75가 정상동작 중인 상태를 나타내는 신호로서 이 신호가 ON되면 QD75 준비완료, OFF면 준비 미완료 상태를 의미한다.

- PLC Ready신호(Y60)가 OFF → ON시에 모듈의 파라미터의 설정범위를 체크하고 이상이 없을시 X60신호를 ON한다.
- PLC Ready신호(Y60)가 OFF하면 X60신호도 OFF한다.
- WDT(Watch Dog Timer)에러가 발생하면 X60신호도 OFF한다.
- PLC 래더 프로그램에서 QD75의 정상동작 상태를 확인하는 인터록 등의 신호로 사용한다.

ⓑ X41 : 동기용 플래그

PLC CPU가 QD75의 버퍼메모리의 내용을 읽을 수 있는 상태를 나타내는 신호이다. 위치결정 제어를 위해서는 PLC의 래더 프로그램에서 QD75의 버퍼메모리의 설정데이터를 읽거나 쓰기 동작을 하는데, 이 때 QD75 버퍼메모리의 이상 유무를 확인할 때

사용하는 신호이다. 이 신호가 ON이면 버퍼메모리 액세스 가능, OFF이면 버퍼메모리 액세스 불가능 상태를 나타낸다.

ⓒ X44 ~ X47 : M코드 ON

QD75는 1축, 2축, 3축, 4축의 위치제어를 한 개의 모듈로서 제어 가능하다. 각각의 위치제어에 해당하는 M코드가 발생유무를 확인하는 신호이다. WITH모드와 AFTER모드를 가지며, WITH모드는 위치결정 제어 동작의 시작과 함께 신호를 ON하고, AFTER모드에서는 위치결정 제어 동작의 완료시 신호를 ON한다.

ⓓ X48 ~ X4B : 에러검출

위치결정 모듈에서 에러가 발생했을 때 ON되는 신호이다.

ⓔ X4C ~ X4F : BUSY신호

위치결정 동작, 원점 복귀 동작 및 JOG동작 시에 ON되는 신호이다. BUSY신호는 위치결정 동작중인 상태에서는 항상 ON이 되는 신호로서 위치결정 동작이 완료되면 OFF된다. 프로그램에서는 이 신호를 위치결정 완료를 확인하는 신호로 사용한다.

ⓕ X50 ~ X53 : 기동 완료

위치결정기동신로(Y70) ON에 의해 QD75가 위치결정 동작을 하는 동안 ON되는 신호이다.

ⓖ X54 ~ X5F : 위치결정 완료

각 위치결정 데이터 No.의 위치결정제어가 완료한 기점에서 QD75의 파라미터 "위치결정완료 출력신간"에서 설정한 시간만큼 ON되는 신호이다.

⑤ 위치결정 모듈 QD75의 출력(PLC → QD75) 신호 상세설명

ⓐ Y40 : PLC Ready

PLC CPU가 정상동작 중에 있음을 QD75에게 알리는 신호이다. 이 신호가 OFF되면 QD75는 동작을 중지한다. 따라서 PLC 프로그램에서 QD75를 사용하기 위해서는 이 신호를 항상 ON상태로 두어야 한다.

ⓑ Y44 ~ Y47 : 축 정지

위치결정 동작을 중지하고자 할 때 사용하는 신호이다. 해당 축의 축 정지 신호가 ON 되면 원점복귀제어, JOG운전, 인칭운전, 수동 펄스 운전을 중지한다.

ⓒ Y48 ~ Y4F : JOG기동 신호(인칭운전 신호)

각 축의 정회전, 역회전 JOG 기동신호로서 이 신호가 ON되면, 서보모터는 QD75 파라미터에서 설정한 속도로 회전한다. JOG의 속도를 설정하는 파라미터를 0으로 설정한 다음 이 신호를 동작시키면 인칭운전 신호로 사용된다.

ⓓ Y50 ~ Y53 : 위치결정 기동

원점복귀, 고속원점 복귀, 위치결정 제어 동작을 지시하는 신호이다. 위치결정 제어를 위한 파라미터와 설정데이터를 설정한 다음, 위치 이동을 위한 각 축의 위치결정 기동 신호를 ON하면 서보모터가 회전하여 위치결정 제어 동작을 진행한다. 위치결정 제어 동작 중일 때 이 신호는 반드시 ON되어 있어야 한다.

ⓔ Y54 ~ Y57 : 실행금지 플래그

위치결정기동 신호 ON시에 실행금지 플래그 ON의 경우, 실행금지 플래그가 OFF할 때까지 위치결정 기동을 하지 않는다.

### 8.4.4 파라미터 설정

QD75의 결선을 확인한 후에 위치제어를 실행하기 위해서는 반드시 필요한 파라미터 및 데이터를 설정해야 한다. 파라미터 설정은 다음과 같이 진행된다.

내비게이션 중 프로젝트에 인텔리전트 기능 모듈에 생성된 0040:QD75D1N을 더블 클릭하면 파라미터, 축1 위치결정데이터, 축1 블록시동데이터가 나타난다. 이 중에서 파라미터를 선택하면 다음과 같은 화면이 나온다.

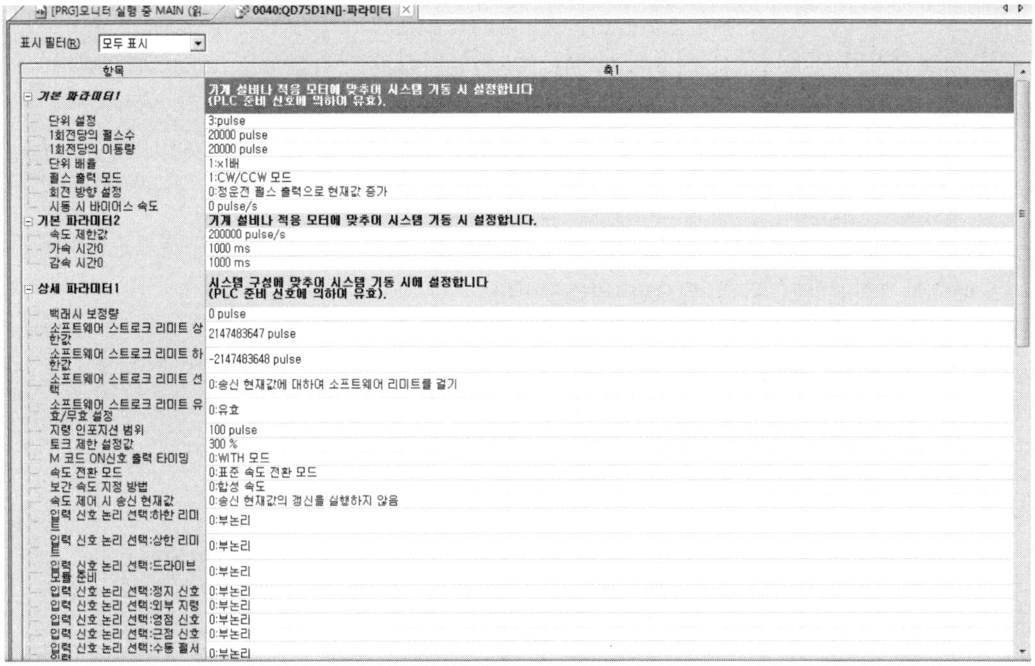


## 1) 기본 파라미터 설정

기본 파라미터(Basic Parameter) 설정은 기계설비나 사용하는 서보모터에 맞는 데이터를 설정해야 한다. 기본 파라미터 1에는 지령 단위설정(Pr.1), 1펄스에 의해 이송량을 설정(Pr.2-4), 펄스 출력모드와 회전 방향(Pr.5-6),기동 최저속도를 설정하는 기동 시 바이어스 속도(Pr.7) 등을 설정한다. 기본 파라미터2에는 위치결정 시나 원점복귀 시에 최고속도인 속도 제한 값(Pr.8)과 이 제한 속도까지 도달하는데 걸리는 시간과 정지할 때까지 걸리는 시간인 가속시간과 감속시간(Pr.9-10) 등을 설정한다.

① Pr.1 Unit setting [ 단위설정 ]

위치결정제어시의 지령단위를 설정하는 것으로 제어대상에 따라 mm, inch, degee, pluse 중 하나를 선택한다.

- mm, inch : X-Y테이블, 컨베어 같은 이동거리를 설정하는 제어에 사용
- degree : 회전체와 같은 360° 의 각도제어에 사용
- plulse : X-Y테이블, 컨베이어 같은 이동거리를 설정하는 제어에 사용

본 실습장치의 이송나사를 사용하기 때문에, 이동거리의 단위설정은 mm로 설정한다.
단위설정 → 1 : mm

② Pr.2 Pulse per rotation [ 1회전 당 펄스수(Ap) ]

모터축이 1회전하기 위해 필요한 펄스수이다.

1회전 당 펄스 수(Ap) → 10000 pulse

③ Pr.3 Travel per rotation [ 1회전당 이동량(Al) ]

모터 1회전으로 워크가 얼마만큼 이동하는지는 기계의 구조에 의해 결정된다.

본 실습장치의 이송나사는 리드(mm/rev)가 5mm이다.
1회전당 이동량(Al) → 5000 ㎛
*참고 : $5\,mm = 5 \times 10^3\,\mu m$

④ Pr.4 Unit magnification [ 단위 배율(Am) ]

1회전 당 이동량으로 설정할 수 있는 수치는 최대 6553.5㎛이므로, 이 값을 초과하는 경우에는 단위 배율은 1, 10, 100, 1000단위로 설정해서 1회전 당 이동량을 설정할 수 있다. 예를 들면, 5000 × 1 = 500 × 10 이기 때문에, Pr.3을 500으로 하면 pr.4을 10으로 설정하면 된다. 위치제어에서 지령 이동량과 실제 이동량 사이에 오차가 발생하면, 단위배율로 이를 보정할 수 있다.

단위 배율(Am) → 1 : x 1 배

⑤ Pr.5 Pulse output mode [ 펄스 출력 모드 ]

사용할 서보앰프에 적합한 펄스의 출력 모드를 설정한다. QD75에서 지원하는 펄스 출력 모드는 4가지가 있는데, 그 중에서 많이 사용하는 모드는 "PLS/SIGN모드"와 "CW/CCW모드"이다.

- PLS/SIGN모드

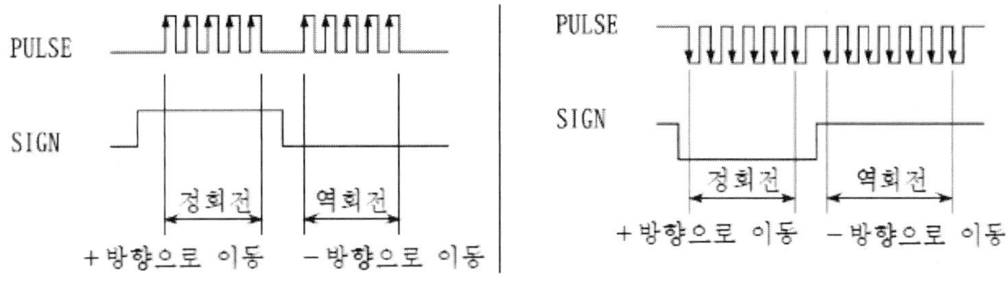


그림 8.15

- CW/CCW모드

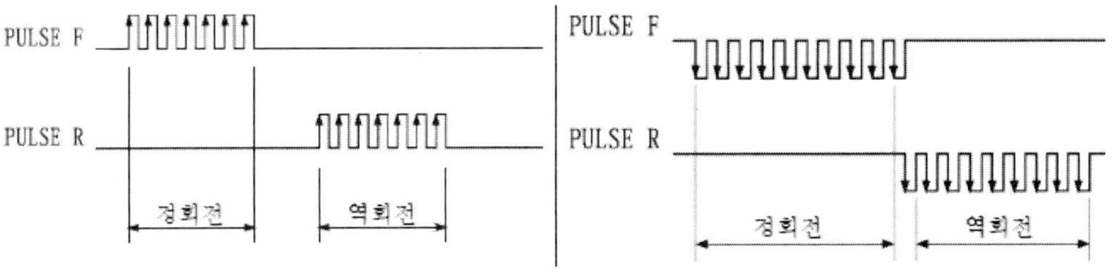


그림 8.16

> 본 교재에서는 서보앰프의 설정과 동일하게 설정한다.
> 펄스 출력 모드 → 1: CW/CCW 모드

⑥ Pr.6 회전방향설정

모터의 회전방향과 현재값 어드레스의 증감관계를 고려하여 설정한다. 정회전 Jog시 현재값이 증가하면, 0: 정운전 펄스 출력으로 현재값 증가를 설정하고, 현재값이 감소하면, 1: 역운전 펄스 출력으로 현재값 증가를 선택한다.

> 본 교재에서는 정회전시에 현재 값 어드레스가 증가한다.
> 회전방향설정 → 0: 정운전 펄스 출력으로 현재값 증가

⑦ Pr.7 기동시 바이어스 속도

「기동시 바이어스 속도」는「기동최저 속도」를 설정한다. 스테핑 모터는 기동시의 모터 회전 속도가 낮아지면 부드럽게 기동하지 않는다. 스테핑 모터 등을 사용할 경우에 모터를 부드럽게 기동시키기 위해 설정한다.

> 본 교재에서는 서보모터를 이용하기 때문에 기동시 바이어스 속도는 0 으로 한다.
> 기동시 바이어스 속도 → 0.00 mm/min

⑧ Pr.8 속도제한값

위치제어 시와 원점복귀시의 최고속도를 의미한다. 공장 출하 시에는 200000 mm/min 이다.

> 본 교재의 실습에서는 속도 제한 값을 10000 mm/min 으로 한다.

⑨ Pr.9 가속시간

가속시간은 속도 0에서 속도 제한 값에 도달하는 시간이다. 공장 출하 시에는 1000ms 이다.

⑩ Pr.10 감속시간

감속시간은 속도 제한 값에서 속도 0까지 도달하는 시간이다. 공장 출하 시에는 1000ms 이다.

## 2) 상세 파라미터 1 설정

① Pr.11 백러시 보정량

회전운동을 직선운동으로 바꿀 때 기어 구조를 이용하게 되므로, 기계적 오차인 백러시가 발생하게 된다. 백러시 보정량을 설정하면, 위치 결정 방향이 바뀔 때마다 백러시가 발생하는데, 보정량만큼 추가로 펄스를 출력해서서 오차를 감소시킨다. 공장 출하 시에는 0이다.

② Pr.12 소프트웨어 스트로크 리미트 상한 값

위치결정 시에 이동 범위의 상한 값을 설정하는 파라미터이다.

③ Pr.13 소프트웨어 스트로크 리미트 하한 값

위치결정 시에 이동 범위의 하한 값을 설정하는 파라미터이다.

④ Pr.14 소프트웨어 스트로크 리미트 하한 값

소프트웨어 스트로크 리미트를「이송현재값」으로 할 지,「이송기계값」으로 할 지 설정한다. 따라서 이 설정에 의해서 소프트웨어 스트로크 리미트 설정 값 적용 여부를 결정해준다. 공장 출하 시에는 0이다.

⑤ Pr.15 소프트웨어 스트로크 리미트 유효/무효설정

JOG운전, 인칭운전, 수동펄스 운전 시에 소프트웨어 스트로크 리미트 설정값 적용 여부를 결정해준다. 공장 출하 시에는 0이다.

⑥ Pr.16 지령인포지션 범위

지령인포지션이 ON으로 정지되는 거리를 설정해준다. 공장 출하 시에는 100㎛ 이다.

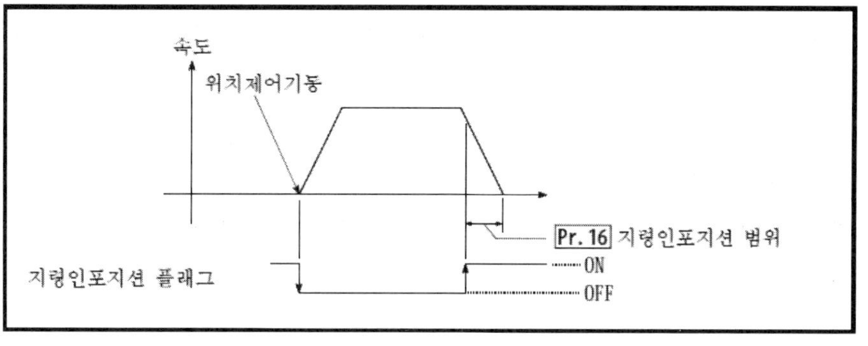


그림 8.17

⑦ Pr.17 토크 제한 설정값

서보모터 발생 토크의 최대값을 1~500%의 비율로 설정한다. 토크 제한 기능은 서보모터 발생하는 토크를 설정 범위 내로 제한하는 기능이다. 이 값을 크게 하면 서보 모터 발생 토크가 커져서 모터에 손상을 줄 수 있으므로, 가능한 300% 이내의 범위에서 설정한다.

본 교재의 실습에서는 150%로 설정한다.

⑧ Pr.18 M코드 ON신호 출력타이밍

M코드 ON신호를 출력하는 타이밍을 설정하는데, 종류로는 WITH모드와 AFTER모드가 있다. WITH모드는 위치 결정 기동 신호의 시작할 때 M코드를 출력하는 것이고, AFTER 모드는 위치 결정 기동 신호를 완료할 때 M코드를 출력하는 것이다.

본 교재의 실습에서는 AFTER 모드로 설정한다.

⑨ Pr.19 속도 전환모드

속도 전환모드에는 표준속도 전환모드와 앞당김 속도 전환모드가 있다. 표준 전환은 다음 위치결정 실행 시에 속도전환을 하는 것이고, 앞당김 속도 전환은 현재 실행 중인 위치결정 마지막에 속도가 바뀌는 것이다. 공장 출하 시에는 0:표준속도 전환모드로 되어있다.

⑩ Pr.20 보간 속도 지정 방법

보간 속도 지정 방법에는 직선보간 또는 원호보간을 할 경우, 제어 대상의 이동 속도를 지정하고 각 축의 속도를 계산하는 방법인 합성속도와, 기준 축에 설정되어 있는 축의 속도를 지정하고 다른 축의 속도를 계산하는 기준축 속도가 있다. 공장 출하 시에는 0:합성속도로 되어있다.

⑪ Pr.21 속도 제어 시 이송 현재 값

속도 제어 시에 이송 현재 값의 갱신 여부를 설정한다. 공장 출하 시에는 0:이송 현재 값을 갱신하지 않음으로 되어있다.

⑫ Pr.22 입력신호 논리선택

외부에 접속된 기기에 맞춰 각 입력신호의 논리를 설정한다. 각 입력신호의 논리설정을 잘못하면 정상으로 운전할 수 없게 되므로, 설정을 변경할 때는 주의해야 한다. 공장 출하 시에는 0:부논리로 되어있다.

⑬ Pr.23 출력신호 논리선택

지령펄스 신호와 편차 카운터 클리어 등 출력신호 논리를 설정한다. 출력신호의 논리설정을 잘못하면 정상으로 운전할 수 없게 되므로, 설정을 변경할 때는 주의해야 한다. 공장 출하 시에는 0:부논리로 되어있다.

⑭ Pr.24 수동펄스 입력선택

수동펄스로부터의 입력펄스모드를 설정한다. 공장 출하 시에는 0 : A상/B상 4체배로 되어 있다.

⑮ Pr.150 속도 · 위치 기능선택

속도 · 위치전환 제어모드를 선택한다. 공장 출하 시에는 0 : INC 모드로 되어 있다.

### 3) 상세 파라미터 2 설정

① Pr.25~27 가속시간

위치결정운전으로 속도 0에서 속도 제한 값까지 도달하는데 걸리는 시간을 설정한다. 공장 출하 시에는 1000ms로 되어 있다.

본 교재의 실습에서는 가속시간1은 200ms, 가속시간2는 300ms, 가속시간3은 400ms로 설정한다.

② Pr.28~30 감속시간

위치결정운전으로 속도 제한 값에서 속도 0까지 도달하는데 걸리는 시간을 설정한다. 공장 출하 시에는 1000ms로 되어 있다.

본 교재의 실습에서는 감속시간1은 200ms, 감속시간2은 300ms, 감속시간3은 400ms로 설정한다.

③ Pr.31 JOG 속도 제한 값

JOG 운전 시 최고속도로서 Pr.8 속도 제한 값 이하로 설정해야 한다. 만약 속도 제한 값을 넘을 경우는 에러가 발생한다.

본 교재의 실습에서는 JOG 속도 제한 값을 10000 mm/min 으로 한다.

④ Pr.32 JOG 운전 가속시간 선택

JOG 운전 가속시간으로 기본 파라미터2의 가속시간, 상세 파라미터2의 가속시간1,2,3에서 어느 것을 사용할지를 선택하는 것이다.

> 본 교재의 실습에서는 JOG 운전 가속시간을 0:기본 파라미터2의 가속시간으로 한다.

⑤ Pr.33 JOG 운전 감속시간 선택

JOG 운전 감속시간으로 기본 파라미터2의 감속시간, 상세 파라미터2의 감속시간1, 2, 3에서 어느 것을 사용할지를 선택하는 것이다.

> 본 교재의 실습에서는 JOG 운전 감속시간을 0:기본 파라미터2의 감속시간으로 한다.

⑥ Pr.34 가・감속 처리선택

가・감속을 사다리꼴로 처리할지 아니면 S자로 처리할지를 설정한다. 수평 직선운동인 경우에는 사다리꼴 가・감속 처리를 많이 하고, 상하이송인 경우에는 S자 가・감속 처리를 많이 한다. 스테핑 모터인 경우에는 S자 가・감속 처리는 할 수 없다. 공장 출하 시에는 0:사다리꼴 가・감속 처리로 되어 있다.

⑦ Pr.35 S자 비율

S자 가·감속 처리를 할 경우에 S자 비율(1~100%) 설정한다. 공장 출하 시에는 100%로 되어 있다.

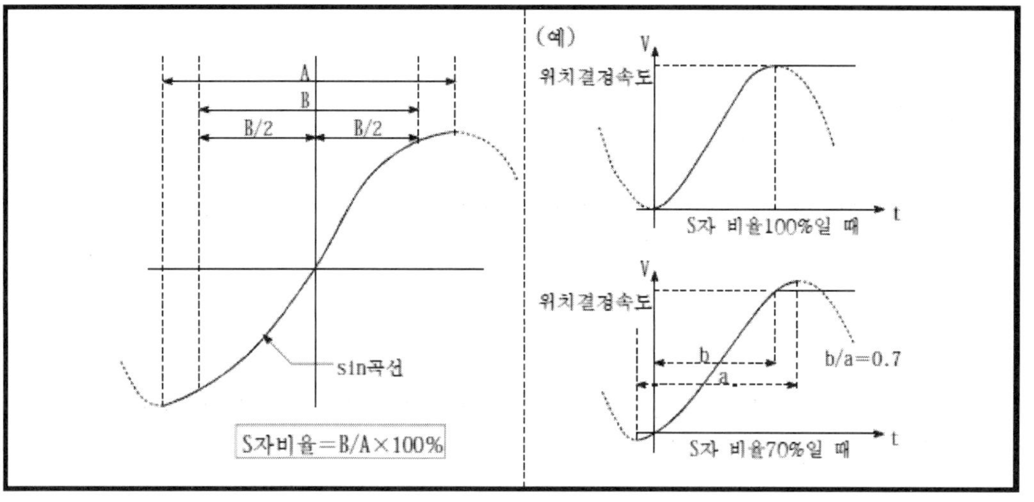


그림 8.18

⑧ Pr.36 급정지 감속시간

급정지 시에 속도제한 값에서 속도 0으로 될 때까지의 시간을 설정한다. 공장 출하 시에는 1000ms로 되어 있다.

⑨ Pr.37~39 정지그룹 1, 2, 3 급정지 선택

아래에 나타내는 정지그룹의 정지요인이 발생했을 때 정지하는 방법을 설정한다.

- 정지그룹1 : 하드웨어 스트로크 리미트에 의한 정지
- 정지그룹2 : PLC CPU의 에러발생, PLC Ready신호의 OFF, 테스트모드 시 이상
- 정지그룹3 : 외부정지신호

정지하는 방법으로는 0 : 통상 감속정지와 1 : 급정지가 있다. 1 : 급정지를 선택해 두면, 정지신호가 입력됐을 때 급정지감속을 한다. 공장 출하 시에는 0 : 통상 감속정지로 되어 있다.

⑩ Pr.40 위치결정완료 출력시간

QD75에서는 출력된 위치결정완료 신호의 출력시간을 설정한다. 이는 펄스출력을 완료하고, 설정되어 있는 드웰 타임을 경과한 시간을 의미한다. 공장 출하 시에는 300ms로 되어 있다.

⑪ Pr.41 원호보간 오차범위

원호보간 오차허용범위는 계산에 의한 원호의 궤적과 종점어드레스의 오차허용범위이다. 계산에 의한 원호의 궤적과 종점어드레스의 오차가 설정범위 내인 경우에는 소용돌이 보간에 의해 오차보정을 하면서 설정되어 있는 종점어드레스에 원호보간을 한다. 공장 출하 시에는 10㎛로 되어 있다.

⑫ Pr.42 외부 지령 기능 선택

외부 지령 신호를 어느 기능으로 사용할 지를 선택한다. 외부 위치 결정 신호는 외부 지령 신호에 의해 위치 결정 운전을 기동한다. 공장 출하 시에는 0:외부 위치 결정 기동으로 되어 있다.

⑬ Pr.43 원점 복귀 방식

기계원점복귀를 할 경우의「원점 복귀 방식」을 설정해야 한다. 그 방식에는 다음과 같이 6가지가 있다.

| | | |
|---|---|---|
| 0: | 근점도그방식 | 근점도그를 통과하면서 감속하고,<br>영점신호(z상 신호)에서 정지하면서 원점복귀를 완료한다. |
| 1: | 스토퍼 정지식① | 근점도그를 통과하면서 감속하여 진행하다가,<br>스토퍼에서 정지한 후에 드웰타임이 경과하면 원점복귀를 완료한다. |
| 2: | 스토퍼 정지식② | 근점도그를 통과하면서 감속하여 진행하다가 스토퍼에서 정지하고,<br>영점신호에서 원점복귀를 완료한다. |
| 3: | 스토퍼 정지식③ | 클리프 속도인 저속으로 진행하다가 스토퍼에서 정지하고,<br>영점신호에서 원점복귀를 완료한다. |
| 4: | 카운트식① | 근점도그를 통과하면서 감속하다가 지정거리를 이동하고,<br>영점신호에서 정지하고 원점복귀를 완료한다. |
| 5: | 카운트식② | 근점도그를 통과하면서 감속하다가 지정거리를 이동하고,<br>원점복귀를 완료한다. |

원점복귀 방식은 6가지 있지만, 가장 많이 사용하는 방식은 근점도그식과 카운터식이다. 공장 출하 시에는 0: 근점도그식으로 되어 있다.

본 교재의 실습에서는 0:근점도그 방식으로 원점복귀를 설정한다.

⑭ Pr.44 원점 복귀 방향

기계원점복귀를 기동할 때, 동작하기 시작하는 방향을 설정한다. 정방향은 어드레스가 증가하는 방향으로 동작하는 것이고, 부방향은 어드레스가 감소하는 방향이다. 원점은 하한 리미트 또는 상한 리미트 가까이에 설정하므로, 정방향으로 설정한 후에 원점복귀를 실행해 보고, 원점 복귀 방향이 반대이면 부방향으로 바꾸어서 설정한다.

본 교재의 실습에서는 0:정방향으로 설정하여 테스트 한 후에, 원점복귀방향이 반대이면 1:부방향으로 설정한다.

⑮ Pr.45 원점어드레스

위치결정제어의 기준점이 되는 어드레스를 설정한다. 공장 출하 시에는 0:근점도그 식으로 되어 있다. 공장출하 시에는 0㎛로 되어 있다.

⑯ Pr.46 원점복귀속도

원점복귀속도는 속도 제한 값 이하로 설정한다. 만약 속도를 너무 높게 설정하면 원점복귀 동작 시, 근점도그를 확인하고 난 뒤 클리프 속도로 감속하기까지의 감속시간 부족으로 인하여 에러가 발생할 수가 있다. 공장 출하 시에는 0㎛로 되어 있다.

본 교재의 실습에서는 3000mm/min으로 설정한다.

⑰ Pr.47 클리프 속도

클리프 속도는 고속주행 시 급정지가 어려우므로, 저속으로 감속한 속도로 주행하다가 원하는 위치에서 정지하기 위한 속도이다. 공장 출하 시에는 1mm/min으로 되어 있다.

본 교재의 실습에서는 100mm/min으로 설정한다.

⑱ Pr.48 원점복귀 재시도

하한 및 상한 리미트 센서가 작동했을 때, 동작 방향을 바꾸어서 원점복귀 동작을 하기 위해서는 재시도를 설정해야 한다. 공장출하 시에는 '0:리미트 스위치에 의한 원점복귀 재시도를 하지 않는다.'로 되어 있다.

본 교재의 실습에서는 1:리미트 스위치에 의한 원점 복귀 재시도를 실행한다.

⑲ Pr.49 원점복귀 드웰 타임

원점 복귀 방식에서 스토퍼 정지식①로 설정했을 때, 근점도그 신호가 On하고 나서 원점 복귀완료까지의 시간을 설정하는 파라미터이다. 공장 출하 시에는 0ms로 되어 있다.

⑳ Pr.50 근점도그 ON후의 이동량 설정

원점 복귀 방식에서 카운터식①과 ②로 설정했을 때, 근점도그 신호가 On하고 나서 원점까지의 이동량을 설정하는 파라미터이다. 공장 출하 시에는 0㎛로 되어 있다.

㉑ Pr.51 원점복귀 가속시간 선택

원점 복귀 시 가속시간을 가속시간0, 1, 2, 3에서 어느 것을 사용할 것인지를 설정하는 파라미터이다. 공장 출하 시에는 '0:가속시간 0'으로 되어 있다.

본 교재의 실습에서는 1:200으로 선택한다.

㉒ Pr.52 원점복귀 감속시간 선택

원점 복귀 시 감속시간을 감속시간0,1,2,3에서 어느 것을 사용할 것인지를 설정하는 파라미터이다. 공장 출하 시에는 '0:감속시간 0'로 되어 있다.

본 교재의 실습에서는 1:200으로 선택한다.

㉓ Pr.53 원점 시프트량

원점복귀로 정지할 위치로부터 이동해서 정지하는 이동량을 설정하는 파라미터로, 원점 위치를 보정할 수가 있다. 공장 출하 시에는 0㎛로 되어 있다.

㉔ Pr.54 원점복귀 토크 제한 값

원점복귀 시 클리프 속도 도달 후에 서보모터의 토크를 제한하기 위한 값을 설정하는 파라미터이다. 공장 출하 시에는 300%로 되어 있다.

본 교재의 실습에서는 150%으로 설정한다.

㉕ Pr.55 편차 카운터 클리어 출력

원점복귀에 있어서 클리어 신호를 출력할 시간을 설정하는 파라미터이다. 공장 출하 시에는 11ms로 되어 있다.

㉖ Pr.56 원점 시프트 속도 지정

Pr.53 원점 시프트량을 '0' 이외 값으로 설정할 때의 동작속도를 설정하는 파라미터이다. 공장 출하 시에는 '0:원점복귀 속도'로 되어 있다.

㉗ Pr.75 원점 복귀 재시도 시 드웰 타임

원점복귀 재시도를 실행할 경우에, 감속 후 정지시간을 설정하는 파라미터이다. 공장 출하 시에는 0ms로 되어 있다.

본 교재의 실습에서는 10ms로 설정한다.

## 8.4.5 위치결정모듈(QD75) 메모리 및 명령어

QD75에는 위치제어를 위한 다양한 변수 값을 설정할 수 있는 버퍼 메모리를 가지고 있다. 이러한 메모리의 사용 용도는 미리 정해져 있으며 사용자는 정해진 용도에 맞게 QD75의 버퍼 메모리에 설정 값을 기입한 후 QD75의 입·출력 신호를 ON/OFF하여 위치제어를 하게 된다. 따라서 QD75를 사용하여 위치결정 제어하기 위해서는 QD75의 메모리 구성과 역할에 대해서 잘 알고 있어야 한다.

### 1) 위치결정모듈의 메모리 구성과 역할

QD75에는 버퍼메모리와 플래시 ROM의 두 종류의 메모리가 있다. 각각의 역할에 대해 살펴보면 QD75의 버퍼메모리는 PLC CPU에서 시퀀스 프로그램에 의한 직접 액세스가 가능한 메모리 영역이고, QD75의 플래시 ROM은 위치결정에 필요한 데이터를 백업하기 위한 메모리 영역이다. QD75의 메모리는 사용 용도에 따라 영역이 다시 구분된다. 영역구분을 살펴보면 파라미터 영역, 모니터 영역, 제어 데이터 영역, 위치결정 데이터 영역, 블록기동데이터 영역, PLC CPU메모리 영역으로 구분된다. 아래는 메모리의 영역구성과 구성의 지원여부에 대해 나타냈다.

표 8.5

| 메모리구분 | 영역 구분 | | | | | | 백업 |
|---|---|---|---|---|---|---|---|
| | 파라미터 영역 | 모니터 데이터 영역 | 제어 데이터 영역 | 위치결정 데이터 영역 | 블록기동 데이터 영역 | PLC CPU 메모리 영역 | |
| 버퍼메모리 | ○ | ○ | ○ | ○ | ○ | ○ | 불가능 |
| 플래시 ROM | ○ | — | — | ○ | ○ | — | 가능 |

QD75의 메모리 구성을 자세히 살펴보면 버퍼메모리와 플래시 ROM 메모리에 중복된 동일 영역을 가지고 있는 것을 알 수 있다. 또한 메모리에 설정한 데이터를 QD75의 전원이 OFF되어도 백업이 가능한 메모리, 불가능한 메모리로 구분되어 있다. QD75의 버퍼메모리와 플래시 ROM은 사실상 동일한 데이터를 저장하는 메모리 영역이다. 예를 들면 개인용 컴퓨터에 RAM이 버퍼메모리 영역이고, 하드디스크가 플래시 ROM 영역이라 생각하면 되겠다. 따라서 QD75의 플래시 ROM에 전원의 ON/OFF여부에 관계없이 반드시 저장되어야 하는 필

수 데이터가 저장되어 있다가, QD75의 전원이 ON되면 플래시 ROM의 데이터가 버퍼메모리 RAM에 전송되어 PLC가 요구하는 작업을 실시간으로 진행할 수 있는 형태로 QD75의 메모리를 운영한다.

## 2) CPU에서 위치결정모듈의 버퍼메모리 액세스 명령

PLC CPU에서는 위치결정모듈을 이용한 위치제어를 위해서는 위치결정모듈의 버퍼메모리 내용을 읽거나 쓰기가 자유로워야 한다. 위치결정모듈에서도 제어를 위하 별도의 CPU를 가지고 있기 때문에 일반적인 PLC명령어를 가지고는 위치결정모듈의 버퍼메모리를 읽거나 쓸 수 없다. 따라서 버퍼 메모리를 읽기 위한 2가지의 방법이 있다.

① FROM 명령어

인텔리전트 기능 모듈/특수기능 모듈의 버퍼메모리 데이터 1워드 또는 2워드 단위로 읽기 위한 명령어로 FROM, DFRO, FROMP, DFROP가 있다. 명령어의 시작단어가 "D"인 경우는 2워드명령어, 명령어의 끝단어가 "P"인 경우는 1스캔 시간동안 실행되는 명령어다.

[ ]은, FROM/DFRO을 나타낸다.

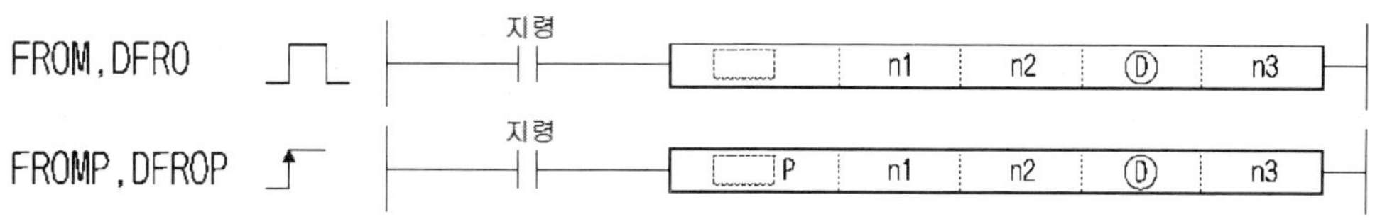


그림 8.19

표 8.6

| 설정데이터 | 내용 | 데이터형 |
|---|---|---|
| n1 | 인텔리젼트 기능 모듈/특수기능 모듈의 선두 입출력번호 | BIN 16비트 |
| n2 | 읽을 데이터의 선두 어드레스 | BIN 16/32비트 |
| Ⓢ | 읽은 데이터를 저장하는 디바이스 선두번호 | BIN 16비트 |
| n3 | 읽기 데이터 수<br>▪ FROM(P) : 1 ~ 644<br>▪ DFROM(P) : 1 ~ 3272 | |

FROM 명령어를 보면 4개의 설정데이터를 설정하도록 되어 있다.

ⓐ n1

QD75가 설치된 위치번호를 설정하면 된다. PLC에는 여러 개의 위치결정모듈을 설치할 수 있어 사용할 모듈의 위치 정보가 필요하게 된다. 따라서 실습에 사용할 QD75의 위치는 7번째(0060)이므로 하위 1자리를 제외한 006을 설정하면 된다. 이 때, 006은 16진수로 표현한 입출력 번지이므로 H4로 기재한다.

ⓑ n2

읽어야 할 데이터가 있는 버퍼메모리의 선두 어드레스 번지를 기재하는 항목이다. 따라서 이 항목에 기재해야 할 값은 QD75의 버퍼메모리 어드레스를 기재한다.

ⓒ Ⓢ

읽은 데이터를 저장하는 PLC메모리 디바이스의 선두번호를 기재한다. 읽은 데이터는 PLC CPU의 메모리에 저장된다. 따라서 이 항목은 PLC CPU의 16비트 데이터 레지스터 D의 번호를 기재한다.

ⓓ n3

버퍼메모리에서 읽어 와야 할 데이터의 개수를 의미한다. 만약 1개의 16비트 버퍼메모리의 데이터를 읽을 때는 K1, 세 개의 16비트 메모리 데이터를 읽을 때는 K3을 기재한다. 읽어올 데이터의 개수만큼 PLC CPU의 데이터 레지스터의 개수도 필요하다.

**예제**

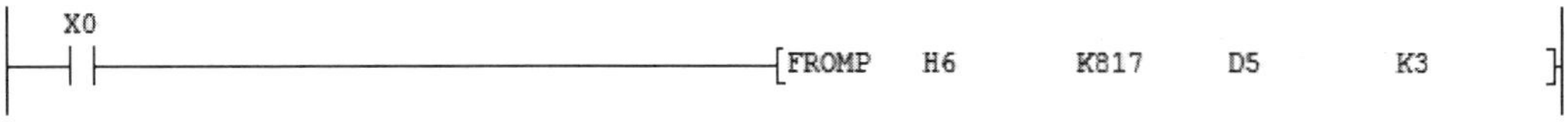


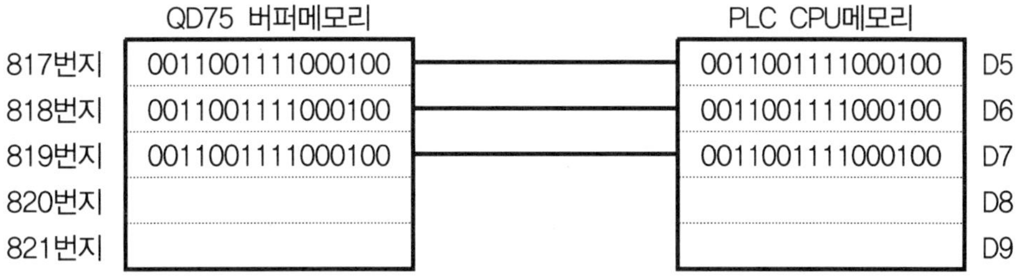


그림 8.20

X0가 ON되면 QD75의 버퍼메모리 817번지부터 819번지까지 3개의 16비트 데이터를 읽어서 PLC CPU의 메모리 D5 ~ D7에 저장하라는 동작을 지시하는 명령이다. 이와 같이 FROM 명령어는 QD75뿐만 아니라 인텔리전트 기능/특수 모듈의 버퍼메모리의 데이터를 PLC CPU의 메모리로 읽어오는 명령이다.

② TO 명령어

인텔리전트 기능 모듈/특수 기능 모듈의 버퍼메모리에 1워드 또는 2워드 단위의 데이터를 쓰기위한 명령어로서 TO, DTO, TOP, DTO가 있다. 명령어의 시작단어가 "D" 인 경우는 2워드 명령어, 명령어의 끝단어가 "P" 인 경우는 1스캔 시간동안 실행되는 명령어다.

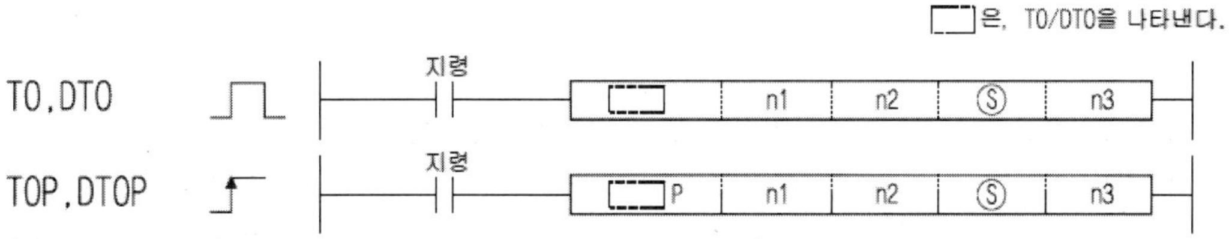

표 8.7

| 설정데이터 | 내용 | 데이터형 |
|---|---|---|
| n1 | 인텔리전트 기능 모듈/특수기능 모듈의 선두 입출력번호 | BIN 16비트 |
| n2 | 쓰기 데이터의 선두 어드레스 | BIN 16/32비트 |
| Ⓢ | 쓰기 데이터를 저장하는 디바이스 선두번호 | BIN 16비트 |
| n3 | 쓰기 데이터 수<br>▪ TO(P) : 1 ~ 644<br>▪ DTO(P) : 1 ~ 3272 | |

TO 명령어를 살펴보면, 4개의 설정데이터를 설정하도록 되어있다.

ⓐ n1

인텔리전트 기능, 특수기능 모듈의 선두 입출력 번호를 16진수 4자리로 표현하였을 때의 상위 3자리로 지정하도록 되어 있다. 위치결정장치의 선두 입출력번호를 16진수 4자리로 표현하면 "0060"이다. "0060" 번지에서 상위 3자리를 지정하면 16진수 "006"이 되므로 n1에 기재할 값은 "H4"가 된다.

ⓑ n2

데이터를 쓰기 위한 버퍼메모리의 선두 어드레스를 기재하도록 되어 있다. 따라서 위치결정장치의 버퍼메모리 1517 ~ 1519번지에 데이터를 쓰기 때문에 선두 어드레스 "1517번지"를 기재해야 한다. 이때 버퍼메모리의 주소는 10진수로 표현하기 때문에 n2에 기재할 값은 "K1517"이 된다.

ⓒ Ⓢ

쓰기 데이터를 저장하는 PLC CPU 메모리의 16비트 데이터 레지스터 D의 디바이스 선두번호를 기재한다. JOG운전 프로그램에서는 JOG 및 인칭운전의 선택을 위해 워드레지스터 D5에 "0"의 값을 기재하고, 더블워드레지스터 D6 ~ D7에 JOG운전속도 값을 기재하여 TO명령어를 사용하여 위치결정장치의 버퍼메모리 1517 ~ 1519번지에 값을 기록한다.

ⓓ n3

쓰기 데이터의 수를 기재한다. 여기서는 1517 ~ 1519번지까지 3개의 16비트 버퍼메모리에 값을 기재하는 것이므로 "K3"을 기재한다.

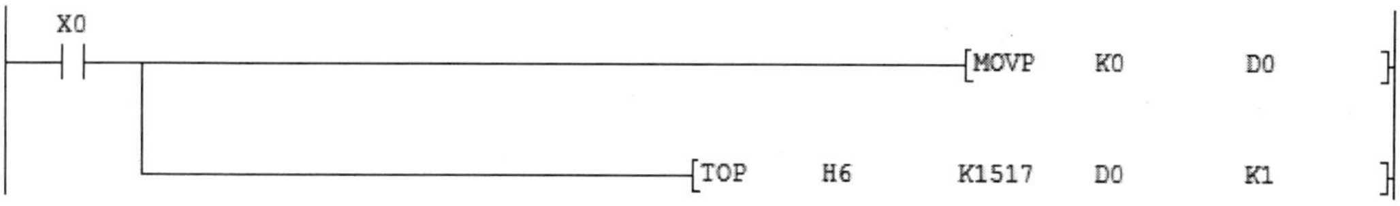


X0가 ON되면 상수 0을 레지스터 D0에 저장을 한다. 레지스터 D0의 16비트 데이터를 버퍼메모리 1517번지에 쓴다.

③ 인텔리전트 기능 모듈 디바이스 명령어

기존의 인텔리전트 기능 모듈은 버퍼메모리를 읽고 쓰기 위한 명령어인 FROM, TO 명령어를 좀 더 간단하게 사용할 수 있도록 만들어진 명령어이다. 인텔리전트 기능 모듈 명령어를 사용하면, MOV명령어를 이용하여 필요한 인텔리전트 기능 모듈의 버퍼메모리의 데이터를 읽거나 쓸 수 있다. 버퍼메모리 지정방법은 다음과 같다.

지정방법:U□₩G□

버퍼메모리 어드레스 (설정범위 : 10진수로 0 ~ 16383)

인텔리전트 기능 모듈/특수기능 모듈의 입출력번호
설정 | 입출력번로를 3자리로 표현한 경우의 상위2자리 QD75D의
입출력번호가 X/Y060인 경우 06설정
설정범위 | 00H ~ FEH

지정방법 어드레스는 인텔리전트 기능 모듈 디바이스 명령어라는 의미로, U로 시작한다. U 다음에 오는 항목이 인텔리전트 기능 모듈이 장착된 위치어드레스 번호가 된다. 패스를 의미하는 \G 또는 ₩G 다음에 오는 버퍼메모리의 어드레스 번지가 된다.

위치결정모듈(X/Y060)의 1축 위치결정 기동 번호용 버퍼메모리(1500번지)에 “9001”을 쓴다. 위와 같이 인텔리전트 기능 모듈 디바이스 명령어를 사용하면 MOV명령어를 이용하여 간단하게 인텔리전트 기능 모듈의 버퍼메모리의 데이터를 읽고 쓸 수 있다. FROM, TO명령어와의 명령어 처리속도에는 별 차이가 없다.

### 3) 위치결정기동 전용명령어

QD75에는 5개의 전용명령을 가지고 있다. 전용명령이란, 인텔리전트 기능 모듈의 기능을 사용자가 프로그래밍을 쉽게 하기 위한 명령이다. 전용명령을 사용하면 QD75의 제어용 데이터를 저장하는 버퍼메모리 어드레스나 인터록 신호를 의식하지 않고 프로그래밍을 할 수 있다.

표 8.8

| 용도 | 전용 명령 | 기능개요 |
|---|---|---|
| 절대위치 복원용 | ABRST1 | QD75의 지정축의 절대위치를 복원한다. |
| | ABRST2 | |
| | ABRST3 | |
| | ABRST4 | |
| 위치결정 기동용 | PSTRT1 | QD75의 지정축의 위치결정제어 기동을 한다. |
| | PSTRT2 | |
| | PSTRT3 | |
| | PSTRT4 | |
| 티칭용 | TEACH1 | QD75의 지정축의 티칭을 한다. |
| | TEACH2 | |
| | TEACH3 | |
| | TEACH4 | |
| 플래시ROM기록용 | PFWRT | 버퍼메모리의 파라미터, 위치결정 데이터, 블록기동데이터를 플래시ROM에 기록한다. |
| 파라미터 초기화 | PINIT | 버퍼메모리와 플래시ROM의 설정데이터를 공장출하값(초기값)으로 한다. |

실습에는 위치결정을 위한 위치결정 기동용 전용명령어 "PSTRT1"에 대해서만 알아본다.

① PSTRT1 : 위치결정기동용 전용명령어

위치결정기동(기계원점복귀, 고속원점복귀, 위치결정 데이터에 의한 위치결정기동)을 위한 전용명령어로서 지정축의 위치결정기동을 하는 명령어이다. 위치결정기동 전용명령어를 사용하기 위해서는 3개의 16비트 데이터레지스터와 2개의 비트메모리를 필요로 한다. 명령어의 사용법은 다음과 같다.

표 8.9

| 설정데이터 | 사용가능 디바이스 | | | | | | | | |
|---|---|---|---|---|---|---|---|---|---|
| | 내부디바이스 | | 파일레지스터 | MELSECNET/10 다이렉트 J□¥□ | | 특수모듈 U□¥G□ | 인덱스레지스터 Zn | 정수 K, H, $ | 그 외 |
| | 비트 | 워드 | | 비트 | 워드 | | | | |
| (S) | — | ○ | | — | | | | — | — |
| (D) | ○ | ○ | — | — | | | | — | — |

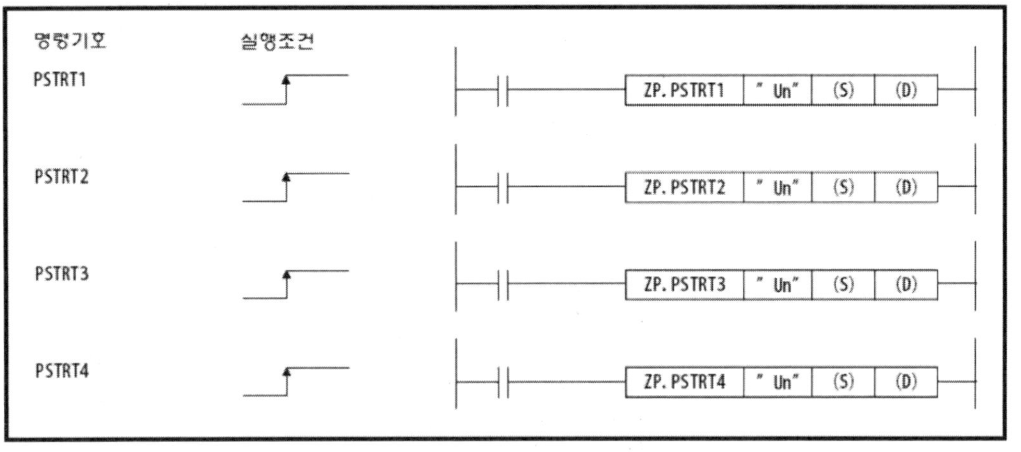


그림 8.21

표 8.10

| 설정데이터 | 설정내용 | 세트측 | 데이터형 |
|---|---|---|---|
| "Un" | QD75의 선두입출력번호.<br>(00 ~ FE: 입출력번호를 3자리 표현했을 경우의 상위 2자리) | 사용자 | BIN 비트 |
| (S) | 컨트롤 데이터가 저장되어 있는 디바이스의 선두번호 | — | 디바이스 |
| (D) | 명령완료로 1스캔ON시키는 비트 디바이스의 선두번호<br>이상완료 시에는((D)+1)도 ON된다. | 시스템 | 비트 |

ⓐ "Un"

"Un"은 위치결정모듈의 입출력 선두어드레스를 기재하는 부분으로 입출력 번호를 3자리로 표현했을 경우의 상위 2자리를 기재한다. PLC CPU 1개에 여러 개의 QD75를 설치할 수 있으므로 이 명령을 실행할 QD75의 위치를 지정하는 부분이다.

실습에서는 QD75의 입출력 시작번지가 H060이므로 "U6"를 기재한다.

ⓑ (S)

컨트롤 데이터가 저장되어 있는 PLC 디바이스의 선두번호를 의미한다. 티칭전용 명령어는 다음과 같은 3개의 16비트 디바이스를 필요로 한다.

표 8.11

| 디바이스 | 항목 | 설정데이터 | 세트측 |
|---|---|---|---|
| (S) + 0 | 시스템 영역 | — | — |
| (S) + 1 | 완료상태 | 완료시의 상태가 저장된다.<br>▪ 0 : 정상종료<br>▪ 0 이외 : 이상완료(에러코드) | 시스템 |
| (S) + 2 | 기동번호 | PSTRT□ 명령어로 기동을 할 아래의 데이터 No.를 지정한다.<br>▪ 위치결정데이터 No. : 1 ~ 600<br>▪ 블록기동 : 7000 ~ 7004<br>▪ 기계원점복귀 : 9001<br>▪ 고속원점복귀 : 9002<br>▪ 현재값 변경 : 9003<br>▪ 복수축동시기동 : 9004 | 사용자 |

ⓒ (D)

실행데이터 백업 전용명령어의 명령완료 여부를 나타내는 비트 정보를 저장하는 영역으로 명령어 수행 완료시 1스캔 시간동안 ON/OFF되는 비트로서 2개의 비트 메모리 영역을 사용한 명령어 정상 수행 여부를 나타낸다.

예를 들어, 이 부분을 "M0"로 지정하면 "M0, M1" 두개의 비트를 사용한다는 의미이며 명령어를 정상으로 수행 시에는 명령어 수행 후 1스캔 시간동안 "M0 = 1, M1 = 0"이 설정되고, 에러 발생 시에는 명령어 수행 후 1스캔 시간동안 "M0 = 1, M1 = 1"이 된다.

② 주의사항

ⓐ PSTRT명령으로 위치결정기동을 했을 경우에는 위치결정기동신호 (본 교재에서는 Y70~Y73가 ON되지 않는다.)

ⓑ PSTRT명령으로 위치결정기동을 한 후, 위치결정완료 전에 정지지령이 입력되었을 경우, 완료디바이스(D)가 1스캔하고 PSTRT명령의 실행이 완료된다.

ⓒ PSTRT명령은 QD75의 준비완료 신호(X60)가 ON일 때 실행할 수 있다.

ⓓ 동일 축에 대해 아래의 전용명령은 동시에 실행될 수 없다.

# 8.5 위치제어 프로그램

## 8.5.1 파라미터

① 기본 파라미터

| 기본 파라미터1 | 기계 설비나 적용 모터에 맞추어 시스템 기동 시 설정합니다 (PLC 준비 신호에 의하여 유효). |
|---|---|
| 단위 설정 | 0:mm |
| 1회전당의 펄스수 | 10000 pulse |
| 1회전당의 이동량 | 5000.0 um |
| 단위 배율 | 1:x1배 |
| 펄스 출력 모드 | 1:CW/CCW 모드 |
| 회전 방향 설정 | 0:정운전 펄스 출력으로 현재값 증가 |
| 시동 시 바이어스 속도 | 0.00 mm/min |
| **기본 파라미터2** | **기계 설비나 적용 모터에 맞추어 시스템 기동 시 설정합니다.** |
| 속도 제한값 | 10000.00 mm/min |
| 가속 시간0 | 1000 ms |
| 감속 시간0 | 1000 ms |

ⓐ 단위는 ㎜로 한다.

ⓑ 10,000 펄스에 1회전 한다.

ⓒ 시스템의 볼 스크루의 리드가 5㎜이므로, 1회전 당 이송량을 5,000(5000㎛)로 한다. 따라서 10000펄스에 5mm 이동을 한다.

② 상세 파라미터1

| 상세 파라미터1 | 시스템 구성에 맞추어 시스템 기동 시에 설정합니다 (PLC 준비 신호에 의하여 유효). |
|---|---|
| 백래시 보정량 | 0.0 um |
| 소프트웨어 스트로크 리미트 상한값 | 214748364.7 um |
| 소프트웨어 스트로크 리미트 하한값 | -214748364.8 um |
| 소프트웨어 스트로크 리미트 선택 | 0:송신 현재값에 대하여 소프트웨어 리미트를 걸기 |
| 소프트웨어 스트로크 리미트 유효/무효 설정 | 0:유효 |
| 지령 인포지션 범위 | 10.0 um |
| 토크 제한 설정값 | 150 % |
| M 코드 ON신호 출력 타이밍 | 1:AFTER 모드 |
| 속도 전환 모드 | 0:표준 속도 전환 모드 |
| 보간 속도 지정 방법 | 0:합성 속도 |
| 속도 제어 시 송신 현재값 | 0:송신 현재값의 갱신을 실행하지 않음 |
| 입력 신호 논리 선택:하한 리미트 | 0:부논리 |
| 입력 신호 논리 선택:상한 리미트 | 0:부논리 |
| 입력 신호 논리 선택:드라이브 모듈 준비 | 0:부논리 |
| 입력 신호 논리 선택:정지 신호 | 0:부논리 |
| 입력 신호 논리 선택:외부 지령 | 0:부논리 |
| 입력 신호 논리 선택:영점 신호 | 0:부논리 |
| 입력 신호 논리 선택:근점 신호 | 0:부논리 |
| 입력 신호 논리 선택:수동 펄서 입력 | 0:부논리 |
| 출력 신호 논리 선택:지령 펄스 신호 | 0:부논리 |
| 출력 신호 논리 선택:편차 카운터 클리어 | 0:부논리 |
| 수동 펄서 입력 선택 | 0:A상/B상 모드(4체배) |
| 속도/위치 기능 선택 | 0:속도/위치 전환 제어(INC 모드) |

ⓐ M 코드를 With가 아닌 After로 한다.

③ 상세 파라미터2

| 상세 파라미터2 | 시스템 구성에 맞추어 시스템 기동 시에 설정합니다(필요에 따라 설정). |
|---|---|
| 가속 시간1 | 200 ms |
| 가속 시간2 | 300 ms |
| 가속 시간3 | 400 ms |
| 감속 시간1 | 200 ms |
| 감속 시간2 | 300 ms |
| 감속 시간3 | 400 ms |
| JOG 속도 제한값 | 10000.00 mm/min |
| JOG 운전 가속 시간 선택 | 2:300 |
| JOG 운전 감속 시간 선택 | 2:300 |
| 가감속 처리 선택 | 0:사다리꼴 가감속 처리 |
| S자 비율 | 100 % |
| 급정지 감속 시간 | 1000 ms |
| 정지 그룹1 급정지 선택 | 0:일반 감속 정지 |
| 정지 그룹2 급정지 선택 | 0:일반 감속 정지 |
| 정지 그룹3 급정지 선택 | 0:일반 감속 정지 |
| 위치 결정 완료 신호 출력 시간 | 300 ms |
| 원호 보간 오차 허용 범위 | 10.0 um |
| 외부 지령 기능 선택 | 0:외부 위치 결정 시동 |

ⓐ JOG 속도 제한 값

ⓑ 원점 복귀 속도와 원점 복귀 재시도

④ 원점복귀 파라미터

| 원점 복귀 기본 파라미터 | 원점 복귀 제어를 실행하기 위해 필요한 값을 설정합니다 (PLC 준비 신호에 의하여 유효). |
|---|---|
| 원점 복귀 방식 | 0:근점 도그식 |
| 원점 복귀 방향 | 0:정방향(어드레스 증가 방향) |
| 원점 어드레스 | 0.0 um |
| 원점 복귀 속도 | 3000.00 mm/min |
| 클리프 속도 | 100.00 mm/min |
| 원점 복귀 재시도 | 1:리미트 스위치에 의한 원점 복귀 재시도를 실행 |
| **원점 복귀 상세 파라미터** | **원점 복귀 제어를 실행하기 위해 필요한 값을 설정합니다.** |
| 원점 복귀 드웰 타임 | 0 ms |
| 근점 도그 ON 후의 이동량 설정 | 0.0 um |
| 원점 복귀 가속 시간 선택 | 1:200 |
| 원점 복귀 감속 시간 선택 | 1:200 |
| 원점 시프트량 | 0.0 um |
| 원점 복귀 토크 제한값 | 150 % |
| 편차 카운터 클리어 신호 출력 시간 | 11 ms |
| 원점 시프트 시 속도 지정 | 0:원점 복귀 속도 |
| 원점 복귀 재시도 시 드웰 타임 | 10 ms |

⑤ 위치결정 데이터

| No. | 운전 패턴 | 제어 방식 | 보간 대상축 | 가속 시간 No. | 감속 시간 No. | 위치 결정 어드레스 | 원호 어드레스 | 지령 속도 | 드웰 타임 | M 코드 |
|---|---|---|---|---|---|---|---|---|---|---|
| 1 | 1:연속 | 01h:ABS 직선1 | - | 1:200 | 1:200 | 10000.0 um | 0.0 um | 500.00 mm/min | 0 ms | 1 |
| | <위치 결정 코멘트> | | | | | | | | | |
| 2 | 1:연속 | 01h:ABS 직선1 | - | 1:200 | 1:200 | 20000.0 um | 0.0 um | 1000.00 mm/min | 0 ms | 2 |
| | <위치 결정 코멘트> | | | | | | | | | |
| 3 | 1:연속 | 01h:ABS 직선1 | - | 1:200 | 1:200 | 30000.0 um | 0.0 um | 2500.00 mm/min | 0 ms | 3 |
| | <위치 결정 코멘트> | | | | | | | | | |
| 4 | 0:종료 | 01h:ABS 직선1 | - | 1:200 | 1:200 | 0.0 um | 0.0 um | 3000.00 mm/min | 0 ms | 0 |
| | <위치 결정 코멘트> | | | | | | | | | |

ⓐ 운전패턴을 종료로 하면 단속운전이 되고, 연속으로 하면 연속운전이 된다.

ⓑ 위치결정 어드레스와 속도 값을 기입한다.

ⓒ M 코드가 필요하면 기입한다.

## 8.5.2 프로그램 작성

시퀀스 프로그램에 의한 QD75와의 교신에는 "인텔리전트 기능 디바이스"를 사용하는 방법과 FROM/TO 명령을 사용하는 방법이 있다. 본 장의 프로그램은 QD75와의 교신에 FROM/TO 명령을 사용하지 않고, "인텔리전트 기능 디바이스"를 사용하여 프로그래밍 하였다. 다음은 "인텔리전트 기능 디바이스"를 사용하여 프로그래밍과 FROM/TO 명령으로 작성한 프로그램과의 차이를 살펴본 프로그램 예이다.

① 인텔리전트 기능 디바이스의 프로그램을 TO 명령으로 변경

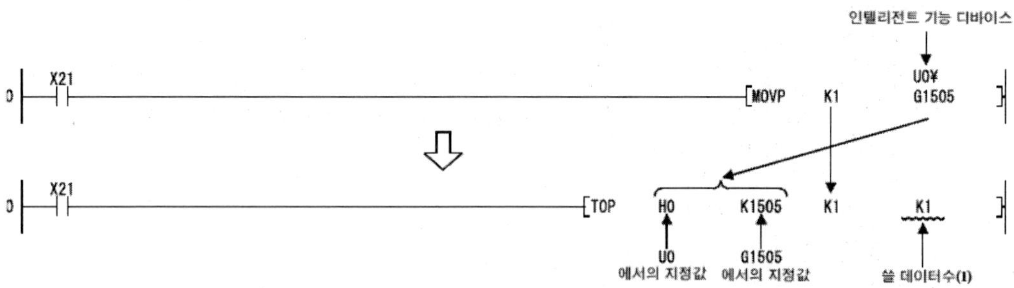

② 인텔리전트 기능 디바이스의 프로그램은 FROM와 TO 명령으로 변경

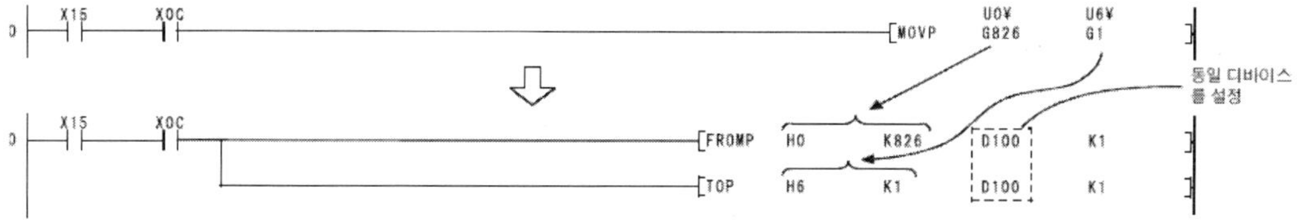


③ 인텔리전트 기능 디바이스를 사용하여 프로그램

ⓐ PLC 프로그램의 간략화와 스텝 수 절감을 위해 인텔리전트 기능 모듈 다이렉트 디바이스를 사용하여 데이터를 읽기/쓰기 한다. 인텔리전트 기능 모듈 다이렉트 디바이스란 인텔리전트 기능 모듈/특수기능 모듈의 버퍼 메모리를 QCPU에서 직접 액세스하는 디바이스이다.

ⓑ U4₩G1518인 경우 G 다음 1518은 버퍼 메모리 주소로 10진수로 표현한다. U 다음 4는 인텔리전트 기능 모듈/특수기능 모듈의 입출력 번호를 나타낸다.
(본 시스템에서는 16점 4개 다음에 위치모듈이 있기에 4가 된다.)

ⓒ U4₩G1518에서 G 다음 1518는 10진수로 표현된 버퍼 메모리 주소이다.

ⓓ 위치결정에 사용되는 인텔리전트 디바이스는

- 절대위치복원용 : Z.ABRST1
- 위치결정기동용 : ZP.PSTRT1
- 티칭용 : ZP.TEACH1
- 플래시 ROM 쓰기용 : ZP.PFWRT
- 파라미터 초기화용 : Z.PINIT

가 있다. 본 교재에서는 위치결정기동용인 ZP.PSTRT1 명령어에 대하여 설명하겠다.

**예로 ZP.PSTRT1 "U4" D200 M202를 설명하면 다음과 같다.**

- ZP.PSTRT1 : 위치결정기동용
- "U4" : QD75 모듈의 선두번호가 4
  (0과 1은 16점 입력모듈, 2와 3은 16점 출력모듈, 4는 QD75 위치모듈)
- S(D200) : 컨트롤 데이터가 들어있는 디바이스의 선두번호 (단위 : Word)
- D(M202) : 기동 완료로 1스캔 On되는 비트 디바이스 선두번호 (단위 : Bit)

- M203 : 기동 완료에 문제가 있을 경우는 다음 디바이스인 M203가 1 스캔동안 On됨
- M202과 M203의 비트 상태로 운동정지나 다음 동작진행을 연결시켜준다.

  D200 : 시스템 영역

  D201 : 이상 완료시 에러코드가 들어간다.

  D202 : 기동번호를 설정한다.

④ 인텔리전트 기능 디바이스를 사용한 예제 프로그램(원점복귀)

- X4을 On시키면, 위치 모듈은 준비되었기 때문에 X40 On되어있어서 기동 플래그인 M200를 Set시킨다.
- X5을 On시키면, 원점복귀 명령인 9001를 입력시켜 기동번호를 설정한다.
- ZP.PSTRT1 "U4" D200 M202에서 1번 축을 기동시키라는 ZP.PSTRT1, D202에 원점복귀 명령인 9001이 있기 때문에 원점복귀를 수행한다.
- 완료가 되면 M202 비트가 On되고, 이상이 있으면 그 다음 비트인 M203이 On된다. 동시에 기동 플래그인 M200을 Reset시킨다.
- 기동출력 명령어인 PLS(펄스상승)는 Off에서 On될 때 한 스캔 동안만 On되는 접점이다. On에서 Off될 때 등 다른 변화에는 작동을 하지 않는다.

### 8.5.4 조그(JOG)운전

JOG운전은 수동운전으로, 정회전 또는 역회전 기동신호를 On하고 있는 동안만 지정한 방향으로 이송테이블을 이동하는 동작을 의미한다. 이 운전을 통해 배선 및 파라미터 체크 및 위치 이동시에 사용된다.

① 특징 및 파라미터

ⓐ 기동신호를 On하고 있는 동안만 QD75로부터 서보드라이브로 펄스가 출력

ⓑ 인칭이동량(1517번지)을 “0”으로 설정해야 JOG운전이 된다.

ⓒ 조그속도(1518, 1519번지)는 파라미터 설정 데이터인 속도 제한값(Pr.7)과 JOG속도 제한값(Pr.31) 사이 값이어야 한다.

ⓓ **조그속도 1519번지는 고속으로 운전하므로 주의하여야 한다.**

**본 시스템에선 속도제한 값을 20,000mm/min으로 하고, JOG속도제한 값을 20,000mm/min으로 하였기 때문에, 조그 속도를 20,000으로 하였다.**

② JOG 운전 시 주의사항

ⓐ JOG속도가 설정범위 외 또는 “0”일 경우에는 축 에러가 발생된다.

ⓑ JOG속도제한 값(Pr.31)이 속도제한 값(Pr.8)보다 큰 값일 경우에는 축 에러가 발생된다.

ⓒ JOG속도가 JOG속도제한 값에 설정된 속도를 초과 설정했을 경우, JOG속도제한 값으로 동작하고 축 경고가 발생한다.

ⓓ 축 경고가 발생해도 JOG기동은 계속할 수 있다.

ⓔ 정회전과 역회전 JOG기동신호가 동시에 입력되었을 때에는 정회전 JOG기동신호가 우선된다.

③ 입출력번지 및 버퍼메모리 할당 내역

ⓐ 입력번지 할당 내역

표 8.12

| 입력번지 | 용 도 | 비고 |
|---|---|---|
| X01 | JOG속도 설정 값 설정 | |
| X02 | 정 회전 조그 운전 | |
| X03 | 역 회전 조그 운전 | |
| X40 | QD75준비완료 | QD75 |

ⓑ 출력번지 할당 내역

표 8.13

| 출력번지 | 용 도 | 비고 |
|---|---|---|
| Y40 | QD75 Ready | QD75 |
| Y48 | 1축 정회전 JOG운전 기동 | QD75 |
| Y49 | 1축 역회전 JOG운전 기동 | QD75 |

ⓒ 버퍼 메모리번지 할당 내역

표 8.14

| 버퍼 메모리번지 | 용 도 | 설정 |
|---|---|---|
| 1517 번지 | 인칭이동량 설정 버퍼메모리 | 0 |
| 1518 ~ 1519 번지 | JOG운전속도 설정 버퍼메모리 | 10,000 |

### ④ 프로그램

> **▶Tip**
>
> 조그운전 속도 설정 버퍼 메모리가 1518과 1519이기 때문에 DMOVP를 사용한다. 그러나 인칭속도를 DMOVP로 하면 다음 메모리인 조그속도 메모리까지 쓰기 때문에 에러가 생긴다.

⑤ 프로그램 설명

ⓐ SM400은 항시 On이다.

ⓑ 외부접점 X1은 On하면 인칭이동량 설정 버퍼메모리인 1517번지에 0을 쓰고, 조그운동 속도 설정메모리인 1518와 1519에 20000을 써서, 조그운동 준비를 해준다.

ⓒ X2를 On하면 정회전 기동 출력(Y48)가 On되어서 정회전 JOG운동을 한다.

ⓓ X3를 On하면 역회전 기동 출력(Y49)가 On되어서 역회전 JOG운동을 한다.

## 8.5.5 인칭(Inching)운전

인쇄기, 크레인, 기중기 또는 이와 유사한 장치는 한 위치에서 다른 위치로 이동하기 위해 아주 짧은 주기 동안 되풀이되는 기동을 해야 한다. 인칭(Inching)은 기계가 원하는 점까지 조금씩 이동한다. 또한 운전은 스위치를 On시키는 횟수에 따라 미소량 이동된다.

① 특징

ⓐ 수동운전의 일종으로 원점/수동 파라미터의 인칭속도에 설정한 속도로 설정된 펄스량 만큼만 출력한다.

ⓑ 조그명령에 의한 운전은 명령에 따라 운전이 시작과 정지함으로 정확한 위치로 이동 시키기 어려우나 인칭명령을 사용하면 원하는 이동량을 쉽게 설정하여 목표점에 도달 할 수 있다.

ⓒ 작업위치 부근까지는 조그운전으로 빠르게 이동하고, 작업위치까지는 미세 이동인 인칭운전으로 정확한 목표위치에 도달한다.

② 인칭운전 시 주의사항

ⓐ 인칭이동량 설정 버퍼메모리에는 반드시 "0" 이외의 값을 설정해야 한다. 만약 "0"을 설정하면 JOG운전으로 동작한다.

ⓑ 인칭운전에는 가 · 감속 처리를 하지 않는다.

ⓒ 인칭운전 시 버퍼메모리 1518, 1519번지에 JOG속도 설정 값이 설정되어 있어도 무시된다.

③ 입출력번지 및 버퍼메모리 할당 내역

ⓐ 입력번지 할당 내역

**표 8.15**

| 입력번지 | 용 도 | 비고 |
|---|---|---|
| X01 | 인칭량 설정 | |
| X02 | 정회전 운전 | |
| X03 | 역회전 운전 | |
| X40 | QD75준비완료 | QD75 |

ⓑ 출력번지 할당 내역

**표 8.16**

| 출력번지 | 용 도 | 비고 |
|---|---|---|
| Y40 | QD75 Ready | QD75 |
| Y48 | 1축 정회전 인칭운전 기동 | QD75 |
| Y49 | 1축 역회전 인칭운전 기동 | QD75 |

ⓒ 버퍼 메모리번지 할당 내역

표 8.17

| 버퍼메모리번지 | 용 도 |
|---|---|
| 1517 번지 | 인칭이동량 설정 버퍼메모리 |

## ④ 프로그램

### ⑤ 프로그램 설명

X1을 On시키면, 인칭이동량 설정 버퍼메모리 1517번지에 인칭량 1000이 기록된다.
X2를 On시키면, 정방향으로 인칭만큼 누르는 횟수만큼 이동된다.
X3을 On시키면, 역방향으로 인칭만큼 누르는 횟수만큼 이동된다.

### 8.5.6 원점복귀

원점은 기계좌표축에서 기준이 되는 점을 의미한다. 기계장치의 조건에 따라 기계원점복귀 방식을 선택하여 사용할 수 있으며, 산업현장에서 많이 사용하는 **근접도그식 기계원점복귀 방법을 사용**한다.

*참고 : 원점복귀방식에는 근접도그식과 스토퍼 정지식 3가지, 카운터식 2가지 등, 6가지 방식이 있다.

① 파라미터 설정

| 원점 복귀 기본 파라미터 | 원점 복귀 제어를 실행하기 위해 필요한 값을 설정합니다 (PLC 준비 신호에 의하여 유효). |
|---|---|
| 원점 복귀 방식 | 0:근점 도그식 |
| 원점 복귀 방향 | 0:정방향(어드레스 증가 방향) |
| 원점 어드레스 | 0.0 um |
| 원점 복귀 속도 | 1000.00 mm/min |
| 클리프 속도 | 100.00 mm/min |
| 원점 복귀 재시도 | 1:리미트 스위치에 의한 원점 복귀 재시도를 실행 |
| **원점 복귀 상세 파라미터** | **원점 복귀 제어를 실행하기 위해 필요한 값을 설정합니다.** |
| 원점 복귀 드웰 타임 | 10 ms |
| 근점 도그 ON 후의 이동량 설정 | 0.0 um |
| 원점 복귀 가속 시간 선택 | 1:200 |
| 원점 복귀 감속 시간 선택 | 1:200 |
| 원점 시프트량 | 0.0 um |
| 원점 복귀 토크 제한값 | 150 % |
| 편차 카운터 클리어 신호 출력 시간 | 11 ms |
| 원점 시프트 시 속도 지정 | 0:원점 복귀 속도 |
| 원점 복귀 재시도 시 드웰 타임 | 10 ms |

원점복귀 방식을 0: 근접도그 식으로 하였다.

원점복귀 재시도는 리밋 스위치를 만났을 때 "0"은 재시도를 하지 않는 것이고, "1"은 재시도를 하는 것이다. 상한이나 하한신호를 만나면, 방향을 바꿔 원점을 찾기 위해서 '1: 재시도 하는 것'으로 설정하였다.

② 근점도그식 원점복귀방식

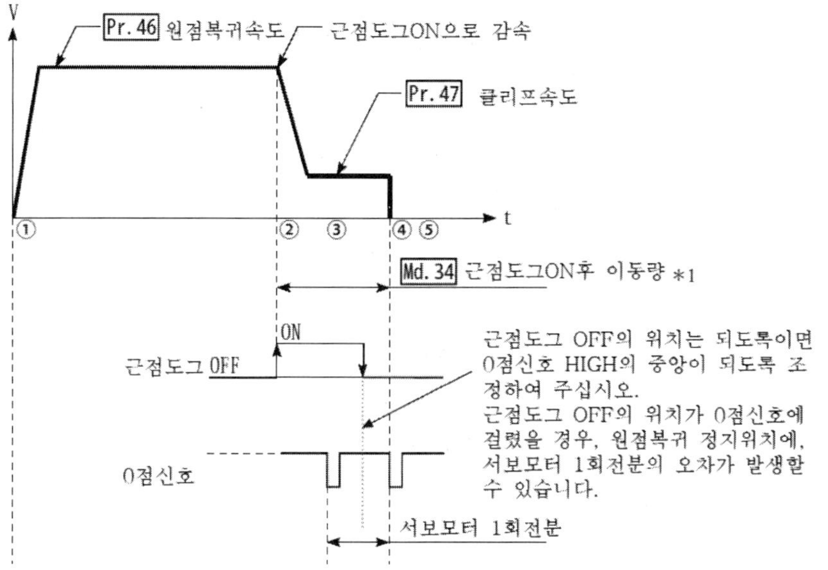


ⓐ 기계원점복귀가 기동되면, 원점복귀속도와 방향으로 기동된다.

ⓑ 상한 또는 하한 리밋 센서 (B접점)를 만나면, 원점복귀 재시도를 하여 기동방향을 바꾼다.

ⓒ 기동을 하다가 원점센서(A접점)가 On하면, 클리프 속도로 감속운전을 한다.

ⓓ 원점센서를 지나면서 Off가 되고, 0점 신호가 Off되면 정지한다.

③ 입출력번지 및 버퍼메모리 할당 내역

ⓐ 입력번지 할당 내역

**표 8.18 입력접점 할당**

| 입력번지 | 용 도 | 비고 |
|---|---|---|
| X4 | 원점복귀 Flag Set | |
| X5 | 원점복귀 기동 및 Flag Reset | |
| X6 | 다른 운전 기동 | |
| X40 | QD75준비완료 | QD75 |
| X48 | 에러검출 플래그 | QD75 |
| X4C | 1축 BUSY 중 | QD75 |
| X50 | 위치결정기동 완료 | QD75 |

ⓑ 출력번지 할당 내역

**표 8.19 출력접점 할당**

| 출력번지 | 용 도 | 비고 |
|---|---|---|
| Y40 | QD75 Ready | QD75 |
| Y50 | 위치결정기동 | QD75 |

ⓒ 버퍼 및 메모리번지 할당 내역

**표 8.20 버퍼메모리 할당**

| 버퍼메모리번지 | 용 도 |
|---|---|
| 9001 | 기계 원점복귀 |
| 9002 | 고속 원점복귀 |
| D200 | 컨트롤 데이터 |
| D201 | 에러코드 |
| D202 | 기동번호설정 |
| M200 | 기동 플래그 |
| M202 | 기동 완료시 1 스캔 On |
| M203 | 이상 완료시 1 스캔 On |

## ④ 프로그램

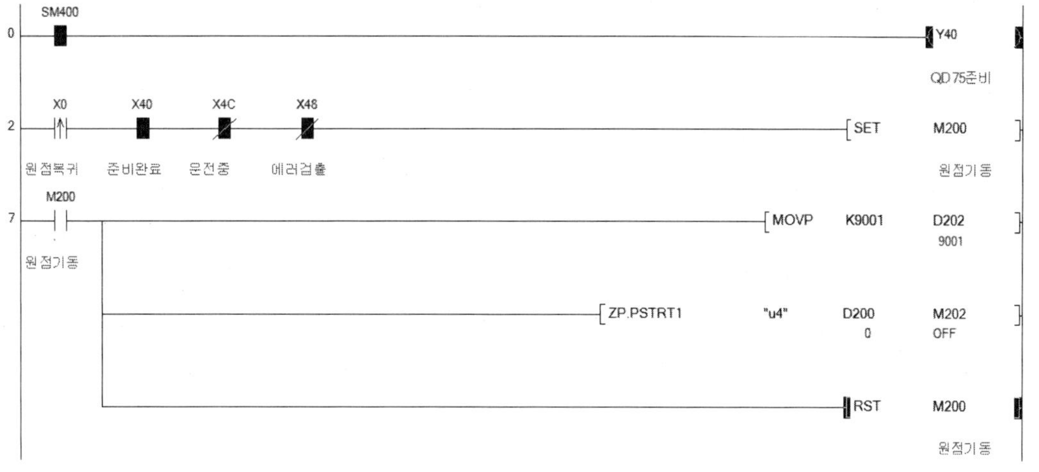


### ⑤ 프로그램 설명

ⓐ [ZP.PSTRT1 "U4" D200 M202]

- 전용명령어란 인텔리전트 기능모듈 디바이스를 사용하여 쉽게 프로그램을 작성하기 위한 명령어이다.
- PSTRT1는 1축에 대한 위치결정 기동용 명령어이다.
- "u4"는 위치제어모듈이 장착되어있는 슬롯번호이다.
- 이 명령어는 컨트롤 데이터인 3개의 16비트 데이터(D200, D201, D202)와 기동의 정상종료 여부를 나타내는 2개의 비트 메모리(M202, M203)로 구성되어 있다.
- D200은 3개의 16비트 데이터의 선두번호로 컨트롤 데이터이다.
- D201은 완료 시의 상태가 저장되는 번지로, 정상 종료이면 0이 저장되지만, 에러가 있으면 이에 해당되는 코드가 저장된다.
- D202는 사용자가 어떤 위치 결정을 할지를 설정하는 부분이다. 이 데이터에 9001은 기계원점복귀 기동번호이다.
- 컨트롤 데이터 선두번지를 D200, 시스템 영역인 완료 상태는 D201, 사용자가 지정하는 기동번호는 D202가 사용된다. 예를 들어, 선두번지를 D200으로 하면 D201과 D202는 완료 상태와 기동 번호를 지정하는 번지가 된다. 만약 에러가 발생하면 D201에 에러 코드가 저장된다.
- 실행데이터 백업 전용명령어의 명령완료 여부를 나타내는 비트 정보를 저장하는 영역인 M202와 M203은 정상 수행 여부를 나타낸다.
- M202는 기동이 정상적으로 완료가 되면 1스캔 시간동안 On된다.

- M203이 On되면 기동에서 에러가 발생했다는 의미이다.

ⓑ D202에 9001이란 값이 위치결정기동용 인텔리전트 기능 명령에 의해 수행된다. 기동에서 9001은 원점복귀 명령이다.

ⓒ D200은 선두번지인 시스템 번지가 되고, D202에 들어간 내용이 기동된다.
D201은 에러가 발생하면 에러코드가 기록된다.

ⓓ 기동 완료가 되면 M203은 On되고, 이상 완료가 되면 M203가 On된다.

ⓔ X0인 외부 신호에 의해 원점복귀 Flag(M200)가 Set된다. 이 때 QD75가 준비 완료한 상태에서 에러가 없어야 하고(X48) 수행 중인 다른 작업(X4C)이 없어야 한다.

ⓕ 원점복귀 Flag(M200)가 Set되면서, D202메모리에 9001값이 기록되고, 원점복귀가 시작되고 원점복귀가 완료되면 Set되었던 원점복귀 Flag인 M200이 Reset된다.

## 8.4.7 위치결정기동

위치결정기동 PLC 프로그램은 위치결정장치 QD75를 사용하여 미리 정해진 위치로 워크를 이동시키는 프로그램을 의미한다. 대부분의 위치결정장치는 작업을 위한 위치가 고정되어 있다. 작업해야 할 위치에 대한 좌표값을 위치결정 어드레스에 미리 설정한 다음, 위치결정 데이터 No.을 지정하고 결정기동을 한다.

### 1) 단독기동운전

① 위치결정데이터

| No. | 운전 패턴 | 제어 방식 | 보간 대상축 | 가속 시간 No. | 감속 시간 No. | 위치 결정 어드레스 | 원호 어드레스 | 지령 속도 | 드웰 타임 | M 코드 |
|---|---|---|---|---|---|---|---|---|---|---|
| 1 | 0:종료 | 01h:ABS 직선1 | - | 0:1000 | 0:1000 | 10000.0 um | 0.0 um | 500.00 mm/min | 0 ms | 0 |
| | <위치 결정 코멘트> | | | | | | | | | |
| 2 | 0:종료 | 01h:ABS 직선1 | - | 0:1000 | 0:1000 | 50000.0 um | 0.0 um | 1000.00 mm/min | 0 ms | 0 |
| | <위치 결정 코멘트> | | | | | | | | | |
| 3 | 0:종료 | 01h:ABS 직선1 | - | 0:1000 | 0:1000 | 100000.0 um | 0.0 um | 2500.00 mm/min | 0 ms | 0 |
| | <위치 결정 코멘트> | | | | | | | | | |
| 4 | 0:종료 | 01h:ABS 직선1 | - | 0:1000 | 0:1000 | 0.0 um | 0.0 um | 5000.00 mm/min | 0 ms | 0 |
| | <위치 결정 코멘트> | | | | | | | | | |

운전패턴을 종료로 했기 때문에 기동명령이 있어야 기동한다.

## ② 프로그램

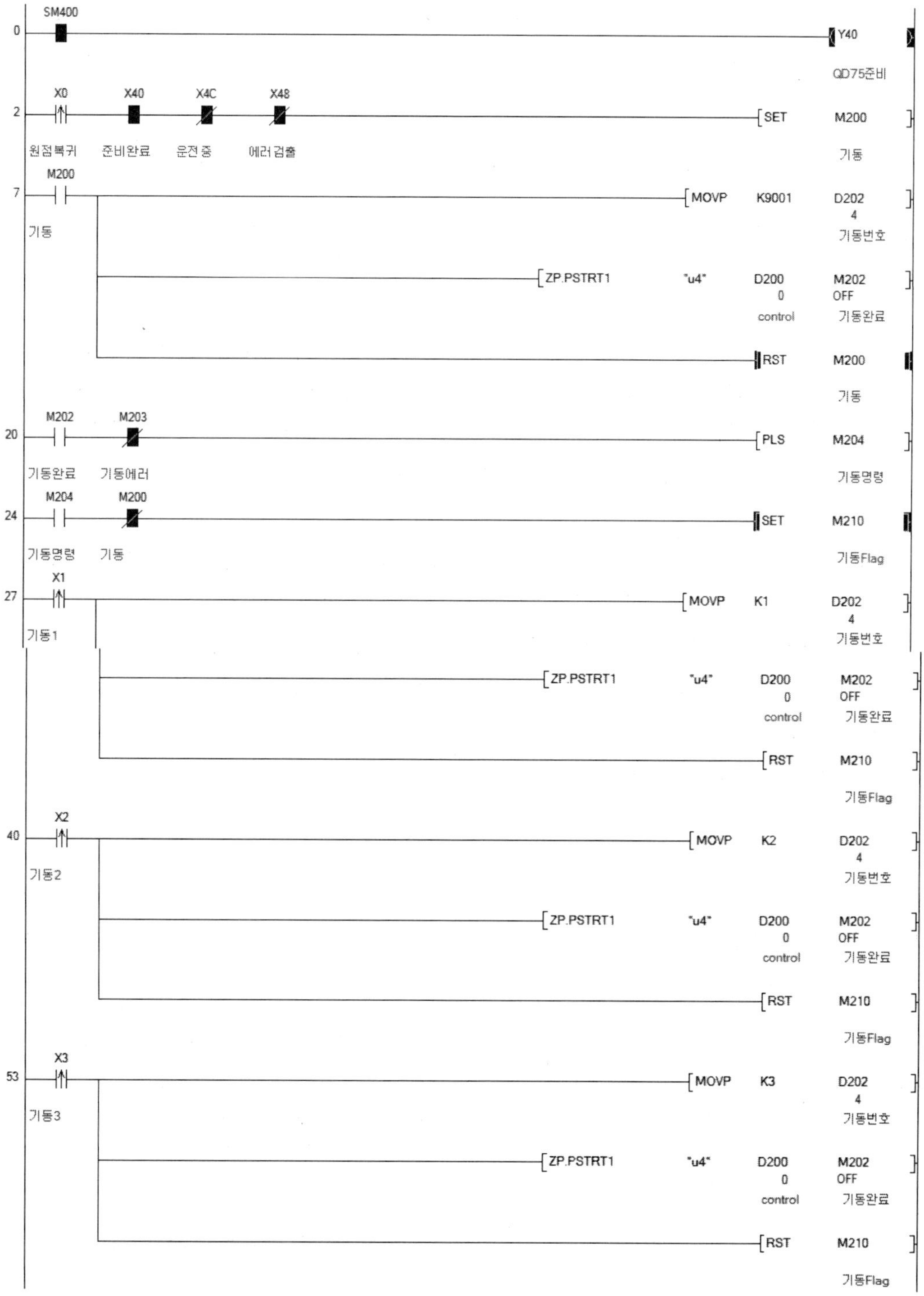

0
SM400
Y40
QD75준비
2
X0
X40
X4C
X48
SET
M200
원점복귀
준비완료
운전 중
에러검출
기동
7
M200
MOVP
K9001
D202
4
기동
기동번호
ZP.PSTRT1
"u4"
D200
0
control
M202
OFF
기동완료
RST
M200
기동
20
M202
M203
PLS
M204
기동완료
기동에러
기동명령
24
M204
M200
SET
M210
기동명령
기동
기동Flag
27
X1
MOVP
K1
D202
4
기동1
기동번호
ZP.PSTRT1
"u4"
D200
0
control
M202
OFF
기동완료
RST
M210
기동Flag
40
X2
MOVP
K2
D202
4
기동2
기동번호
ZP.PSTRT1
"u4"
D200
0
control
M202
OFF
기동완료
RST
M210
기동Flag
53
X3
MOVP
K3
D202
4
기동3
기동번호
ZP.PSTRT1
"u4"
D200
0
control
M202
OFF
기동완료
RST
M210
기동Flag

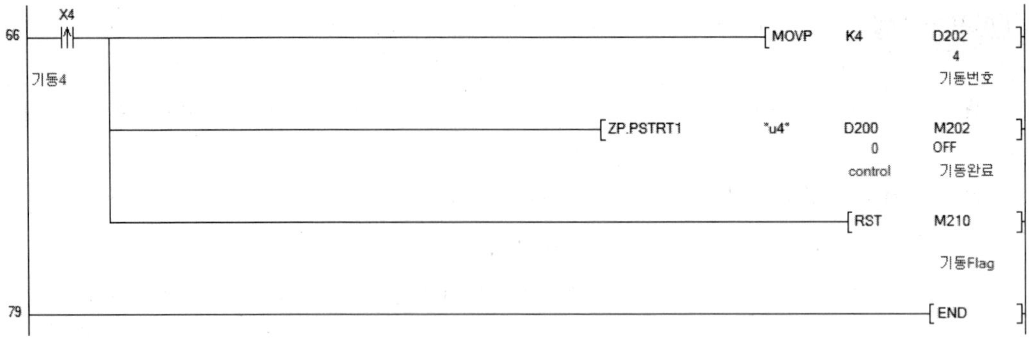


③ 프로그램 설명

ⓐ SM400은 상시 On 예약어이므로, Y40 출력접점으로 서보 준비상태를 알 수 있다.

ⓑ X0인 외부 신호에 의해 원점복귀 Flag(M200)이 Set된다. 이 때 에러가 없어야 하고(X48) 수행 중인 다른 작업(X4C)이 없어야 한다.ⓒ 원점복귀 Flag인 M200가 Set되어 있기 때문에, 원점복귀를 기동하고, 기동완료가 되면 원점복귀 Flag인 M200을 Reset 시킨다.

ⓓ D202은 사용자가 어떤 위치 결정을 할지를 설정하는 부분이다. 이 데이터에 기계원점복귀에서는 9001을 넣었지만, 위치결정 데이터에 의한 기동에서는 위치결정 기동번호를 1에서 600까지 넣을 수 있다. 프로그램에서는 위치결정 기동번호 1,2,3,4를 넣어 각각 위치결정 어드레스와 지령속도를 줘서 단독기동 운전을 시켰다.

ⓔ X1을 On시키면 위치결정 데이터 1번을 수행하고 멈춘다. 이는 운전 패턴이 종료로 되어 있기 때문에 단독기동이 되는 것이다.

ⓕ X2, X3, X4도 마찬가지로 그 스텝을 수행하고 멈춘다.

## 2) 연속기동운전

① 위치결정 데이터

| No. | 운전 패턴 | 제어 방식 | 보간 대상 축 | 가속 시간 No. | 감속 시간 No. | 위치 결정 어드레스 | 원호 어드레스 | 지령 속도 | 드웰 타임 | M 코드 |
|---|---|---|---|---|---|---|---|---|---|---|
| 1 | 1:연속 | 01h:ABS 직선1 | - | 0:1000 | 0:1000 | 10000.0 um | 0.0 um | 500.00 mm/min | 0 ms | 0 |
| | <위치 결정 코멘트> | | | | | | | | | |
| 2 | 1:연속 | 01h:ABS 직선1 | - | 0:1000 | 0:1000 | 50000.0 um | 0.0 um | 1000.00 mm/min | 0 ms | 0 |
| | <위치 결정 코멘트> | | | | | | | | | |
| 3 | 1:연속 | 01h:ABS 직선1 | - | 0:1000 | 0:1000 | 100000.0 um | 0.0 um | 2500.00 mm/min | 0 ms | 0 |
| | <위치 결정 코멘트> | | | | | | | | | |
| 4 | 0:종료 | 01h:ABS 직선1 | - | 0:1000 | 0:1000 | 0.0 um | 0.0 um | 5000.00 mm/min | 0 ms | 0 |
| | <위치 결정 코멘트> | | | | | | | | | |

운전 패턴이 연속, 연속, 종료로 되어 있기에, 한 번의 기동 명령에 의해 연속적인 운동을 한다.

② 프로그램

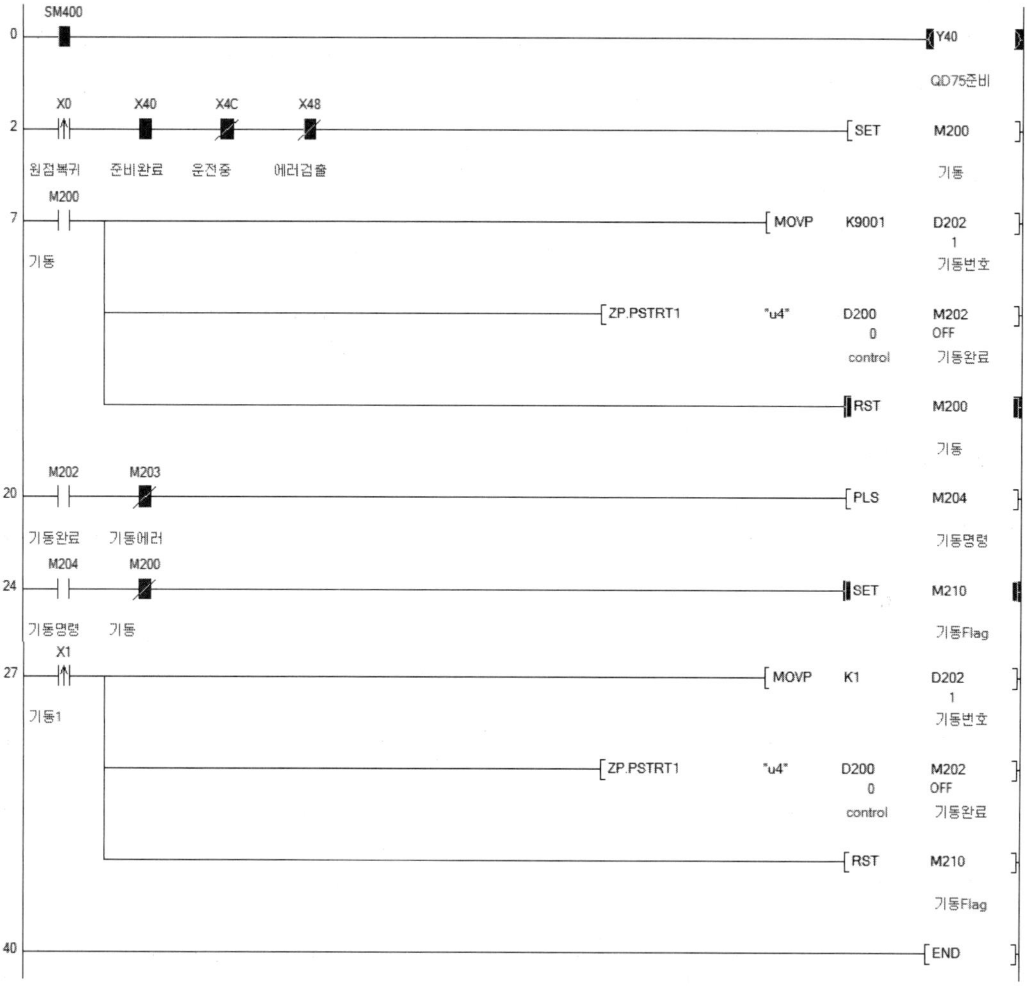


③ 프로그램 설명

ⓐ X0을 On시키면 원점복귀가 완료가 된다.

ⓑ X1을 On시키면 연속적으로 기동1에서 기동4까지 동작을 한다.

## 8.5.7 M 코드 운전

M코드 운전은 실행중인 위치결정 중에 클램프, 드릴회전, 공구교환 등 요구되는 작업을 하기 위한 운전이다. 위치결정 실행 시에 M코드 ON신호(X44)가 ON하면, M코드라 불리는

번호가 "Md.25 유효M코드"에 저장된다. PLC CPU로부터, 이 "Md.25 유효M코드"를 읽고 보조작업 지령을 한다.

M코드는 각 위치결정 데이터마다 설정할 수 있다. M코드를 출력하는 타이밍에는 WITH 모드와 AFTER모드의 두 종류가 있다.

① 위치결정데이터

| No. | 운전 패턴 | 제어 방식 | 보간 대상 축 | 가속 시간 No. | 감속 시간 No. | 위치 결정 어드레스 | 원호 어드레스 | 지령 속도 | 드웰 타임 | M 코드 |
|---|---|---|---|---|---|---|---|---|---|---|
| 1 | 1:연속 | 01h:ABS 직선1 | - | 1:200 | 1:200 | 10000.0 um | 0.0 um | 500.00 mm/min | 0 ms | 1 |
| | <위치 결정 코멘트> | | | | | | | | | |
| 2 | 1:연속 | 01h:ABS 직선1 | - | 1:200 | 1:200 | 20000.0 um | 0.0 um | 1000.00 mm/min | 0 ms | 2 |
| | <위치 결정 코멘트> | | | | | | | | | |
| 3 | 1:연속 | 01h:ABS 직선1 | - | 1:200 | 1:200 | 30000.0 um | 0.0 um | 2500.00 mm/min | 0 ms | 3 |
| | <위치 결정 코멘트> | | | | | | | | | |
| 4 | 0:종료 | 01h:ABS 직선1 | - | 1:200 | 1:200 | 0.0 um | 0.0 um | 3000.00 mm/min | 0 ms | 0 |
| | <위치 결정 코멘트> | | | | | | | | | |

## ② 프로그램

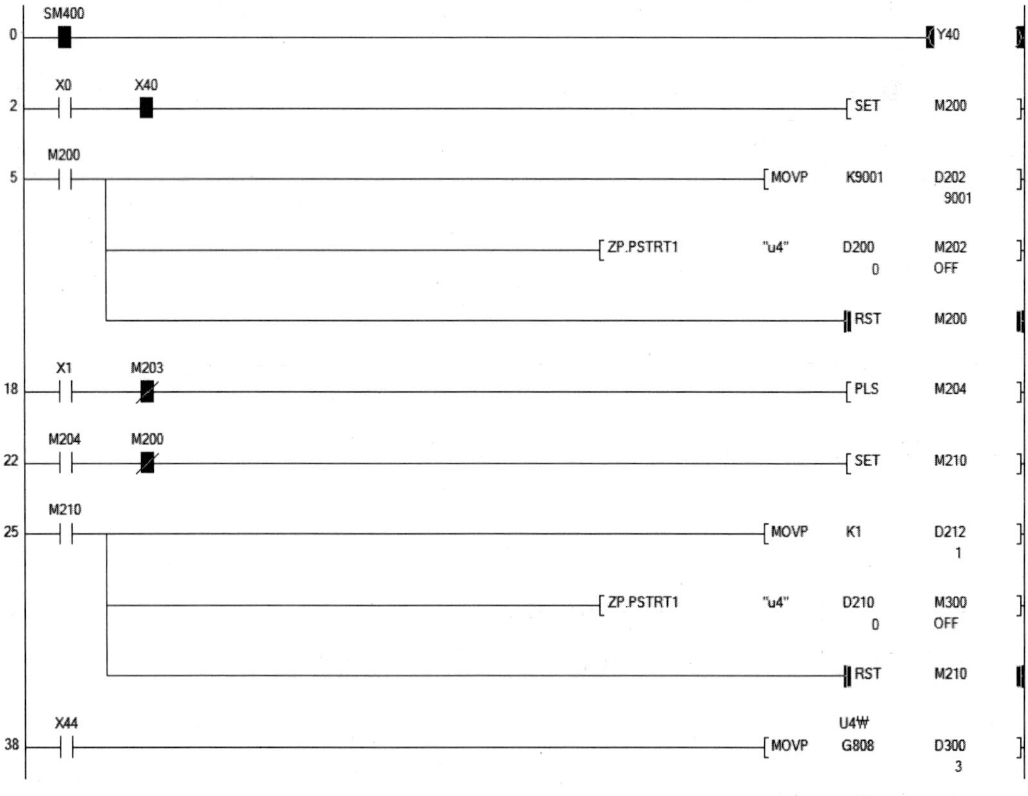

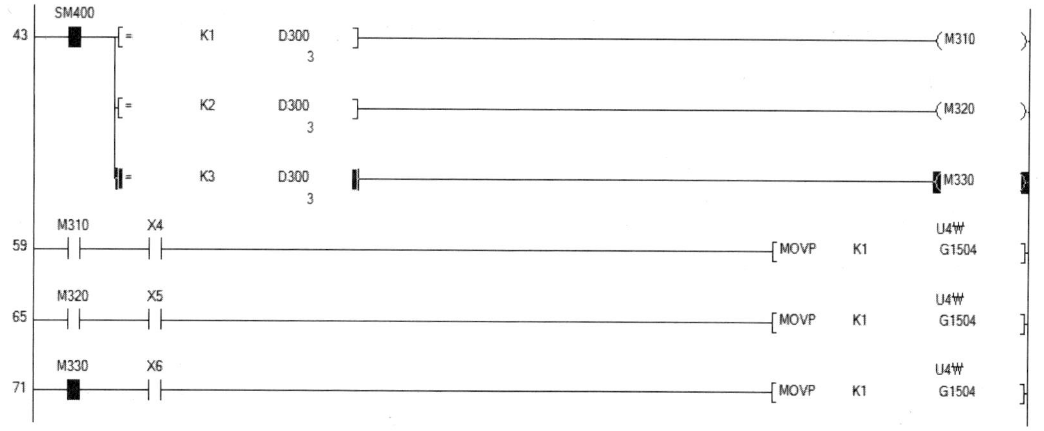


③ 프로그램 설명

ⓐ 위치데이터에 M코드에 1, 2, 3을 주었다.

ⓑ 기동 시 M코드가 있으면 X44가 On되는 M코드 On신호이다.

ⓒ X44가 On되면, 버퍼메모리 808번지의 유효 M코드가 D300에 기록되어 있다.

ⓓ 버퍼메모리 1504번지는 M코드를 Off시킨다. 프로그램에서 1번 위치데이터에 M코드 1이 있기에 M44가 On되어 있는 것이다.
*참고 : 슬롯 번호가 4이기 때문에 M44이다.

ⓔ 1번 위치데이터에는 버퍼메모리 808번지에 기록된 M코드가 "1"이기에, 비교문에서 M310이 On된 것이다. 이 때문에 작업완료신호를 의미하는 X4를 On시키면 2번 위치데이터로 진행된다.

ⓕ 운전 패턴이 연속이므로 2번과 3번을 같은 요령으로 진행이 되다.

ⓖ 버퍼메모리 808번지가 옮겨진 메모리인 D300가 1이면 M310을 On시키고, 2이면 M320을 On시키고, 3이면 M330을 On시킨다.

ⓗ M코드를 Off 시키기 위해 해당하는 외부 접점을 On시켜 버퍼메모리 1504번지에 On 값인 1을 저장함으로써 M코드를 Off 시킨다.

## 8.5.8 에러와 경고

QD75가 검출하는 에러는 파라미터 설정범위 에러와 운전 기동 시/운전 중 에러가 있다.

① 파라미터 설정범위 에러

PLC Ready신호(Y60)의 기동 시에 파라미터를 체크해서, 파라미터의 설정내용에 오류가 있을 경우 에러가 발생한다. 파라미터 설정 에러가 발생했을 경우에는 QD75의 준비완료 신호가 ON되지 않는다.

② 운전 기동 시/운전 중 에러

위치결정제어, JOG운전, 인칭운전 시 등의 운전 기동 시/운전 중에 발생하는 에러이다. 에러코드를 크게 구분하면 아래의 도표와 같다.

표 8.21

| 에러코드 | 에러 구분 |
|---|---|
| 001 ~ 009 | 치명적 에러 |
| 100 ~ 199 | 공통적 에러 |
| 200 ~ 299 | 원점복귀 시, 절대위치 복원 시 에러 |
| 300 ~ 399 | JOG운전 시, 인칭운전 시 에러 |
| 500 ~ 599 | 위치 결정 운전 시 에러 |
| 800 ~ 899 | I/F(인터페이스) 에러 |
| 900 ~ 999 | 파라미터설정범위 체크 시 에러 |

③ 에러의 저장

에러가 발생하면, 에러검출용 입력신호가 ON하고, 축 에러번호를 기억하는 QD75의 버퍼메모리 806번지(Md.23 축 에러번호)에 에러내용에 대응한 에러코드가 저장된다. 단, 에러검출용 입력신호가 ON한 후, 에러코드가 저장될 때까지 최대 1.8ms의 시간지연이 있을 수 있다.

④ 에러 수정

에러가 생기면 다음 그림의 위치결정 테스트를 하여 에러가 무엇인지 확인하여 수정하여야 한다.

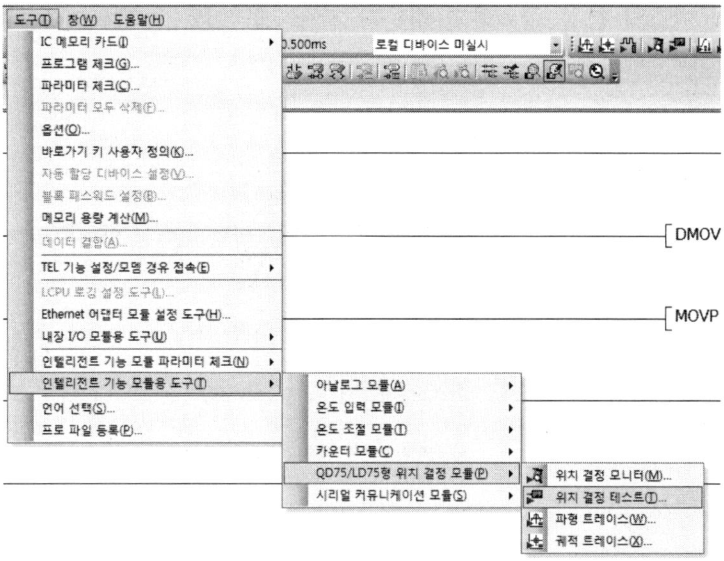

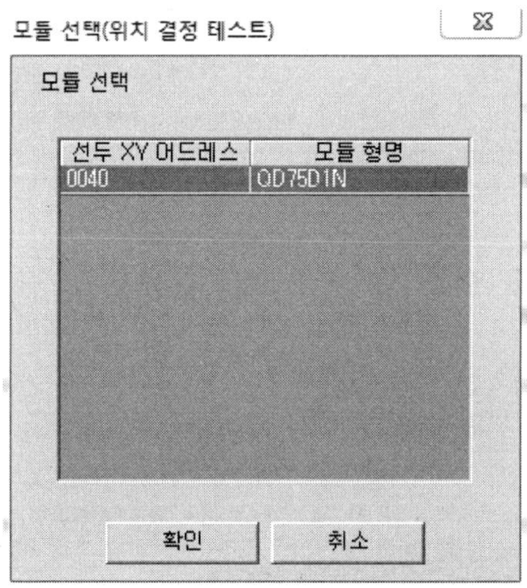

ⓐ QD75DIN의 박스를 더블 클릭하면 다음과 같이 에러번호가 적색으로 나온다.

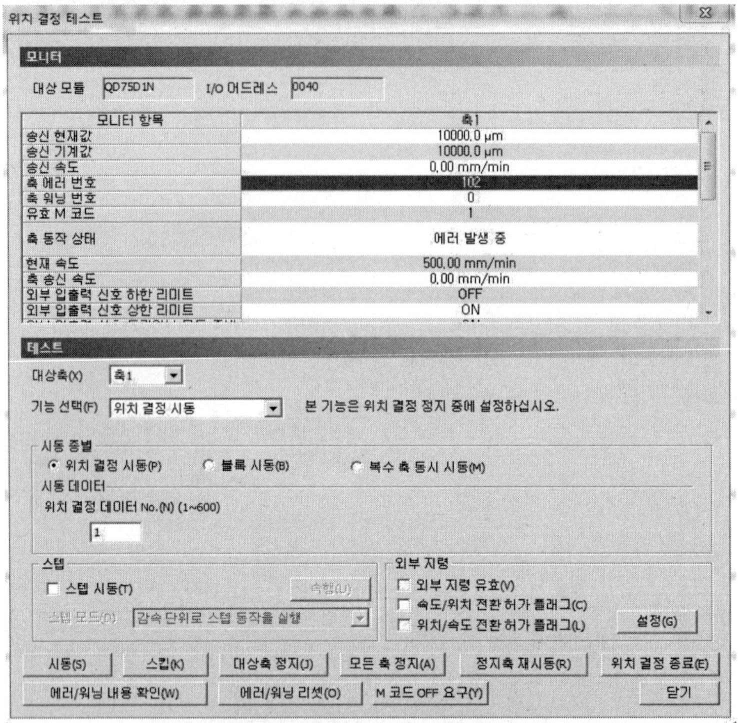


ⓑ 에러가 있는 적색 부분을 더블 클릭하면 에러 내용을 볼 수가 있다.

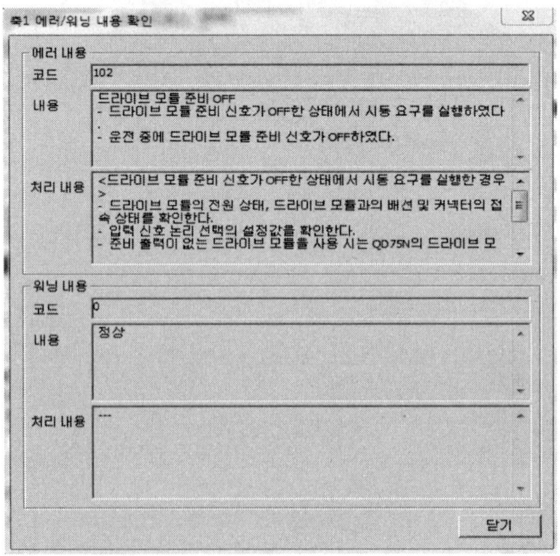


ⓒ 에러를 수정한 후에 다시 운전을 한다.

# 참고문헌


- 신현재, XGT PLC PROGRAMMING 실습, 복두출판사, 2013.
- 신현재, PLC 특수모듈 제어, 복두출판사, 2012.
- 정완보 외1인, 멜섹 Q PLC 이론과 실습, 복두출판사, 2013.
- 민경성, 생산자동화공학(PLC 기반제어기술), 도서출판 건기원, 2010.
- 박찬술 외1인, 멜섹 PLC를 활용한 생산자동화산업기사 실기, 구민사, 2016.
- Mitsubishi, G CPU 프로그램 메뉴얼, Mitsubishi, 2006.
- Mitsubishi, GX Developer 오퍼레이팅 매뉴얼, V8, Mitsubishi, 2007.
- Mitsubishi, GX Works2 오퍼레이팅 매뉴얼, V1, Mitsubishi, 2011.
- Mitsubishi, MELSEC-Q 프로그래밍, Mitsubishi, 2004.
- Mitsubishi, QD75P/QD75D형 위치결정모듈 사용자 매뉴얼, Mitsubishi, 2001.
- Mitsubishi, 미쓰비시 범용 AC서보 MELSERVO-J4 범용 인터페이스 서보앰프 기술자요집, Mitsubishi, 2012.

저자와의
협의에 의해
인지 생략

# 멜섹 PLC 이론과 실습

1판 5쇄 2020년 1월 30일

저 자 신현재 / 사연일
발행인 송광헌
발행처 복두출판사
주 소 서울특별시 영등포구 경인로82길 3-4
센터플러스 807호 (우) 07371
전 화 02-2164-2580
FAX 02-2164-2584
등 록 1993. 11. 22. 제 10-902 호

정가 : 15,000원
ISBN : 979-11-5906-146-2 93560

한국과학기술출판협회 회원사

불법복사는 지적재산을 훔치는 범죄행위입니다.(저작권법 제97조 5항)